Kogon · Merrill · Rinne

Die 5 Entscheidungen

Kory Kogon
Adam Merrill
Leena Rinne

Die 5 Entscheidungen

Prinzipien für außergewöhnliche Produktivität

Aus dem Amerikanischen
von Nikolas Bertheau

Die amerikanische Originalausgabe »The 5 Choices. The Path to Extraordinary Productivity«
erschien 2014 bei Simon & Schuster, New York, USA.
Copyright © 2014 FranklinCovey Company

Bibliografische Information der Deutschen Nationalbibliothek

Die Deutsche Nationalbibliothek verzeichnet diese Publikation
in der Deutschen Nationalbibliografie; detaillierte bibliografische
Informationen sind im Internet über http://dnb.d-nb.de abrufbar.

ISBN 978-3-86936-695-1

Programmleitung: Ute Flockenhaus, GABAL Verlag GmbH
Lektorat: Sabine Rock, Frankfurt | www.druckreif-rock.de
Umschlaggestaltung: Martin Zech Design, Bremen | www.martinzech.de
Satz und Layout: Das Herstellungsbüro, Hamburg | www.buch-herstellungsbuero.de
Druck und Bindung: Salzland Druck, Staßfurt

www.gabal-verlag.de
www.franklincovey.de
www.franklincovey.ch
www.franklincovey.at
www.franklincovey.com

Stephen R. Covey gewidmet

Inhalt

Anhang 2

Das Training zum Buch »Die 5 Entscheidungen. Prinzipien für außergewöhnliche Produktivität« wird bei FranklinCovey angeboten, einem international führenden Beratungs- und Trainingsunternehmen für Unternehmenskultur, das inzwischen in über 150 Ländern vertreten ist. Mehr zum Training, zu Unternehmensbeispielen, zu Kurzfilmen und zu Webinaren rund um »Die 5 Entscheidungen. Prinzipien für außergewöhnliche Produktivität« finden Sie unter: www.franklincovey.de.

Vorwort zur deutschen Ausgabe

Kennen auch Sie das Gefühl, immer höheren Anforderungen mit immer weniger Ressourcen gegenüberzustehen? Wir alle möchten viel bewegen, werden jedoch von ständig wechselnden Aufgabenstellungen darin gebremst, Außergewöhnliches zu leisten. Die digitale Wissensgesellschaft erwartet von uns zugleich exzellente Qualität und ein hohes Arbeitstempo. Wir müssen also umdenken! Um diesen Paradigmenwechsel zu vollziehen, bedarf es klarer und zugleich anwendbarer Prinzipien, an denen wir uns orientieren, um unsere kostbare Zeit, unsere Aufmerksamkeit und Energie mit höherer Wirksamkeit zu nutzen.

Basierend auf den erprobten Managementprinzipien der 7 Wege und den neuesten Erkenntnissen aus der Neurowissenschaft identifizieren die drei FranklinCovey-Autoren Kory Kogon, Adam Merrill und Leena Rinne die »5 Entscheidungen – Prinzipien für außergewöhnliche Produktivität« und eröffnen damit neue Wege zu mehr Gleichgewicht zwischen Beruf und Privatleben. Sie vermitteln Werkzeuge, die Ihnen helfen, sich auf das Wichtigste zu fokussieren, anstatt auf Dringendes zu reagieren – ein andauernder Prozess, der seine Zeit braucht und kontinuierlich verinnerlicht werden möchte. Dieses Buch unterstützt Sie dabei, sich im Alltagsdschungel zu orientieren und zu fokussieren, und leitet Sie hin zu einer klaren, produktiven und energiereichen Haltung, beruflich wie privat.

Das FranklinCovey Leadership Institut ergänzt die Lektüre des vorliegenden Buches um Seminare und Trainingsprogramme für den Einzelnen sowie für Organisationen. Dabei sind unterschiedliche Wege möglich, von Online-Learning über trainergeführte Workshops bis hin zu Transformationsprozessen ganzer Organisationen – selbstverständlich immer begleitet durch unsere erfahrenen Berater und Trainer.

Darüber hinaus entwickelt FranklinCovey auch maßgeschneiderte Programme zur Führungskräfteentwicklung auf allen Ebenen des Unternehmens vom Topmanagement bis zum Führungsnachwuchs.

Ich wünsche Ihnen viel Freude beim Umdenken und bei der Steigerung Ihrer Effektivität durch die »5 Entscheidungen«. Behalten Sie dabei das Ziel im Auge und denken Sie daran: Veränderungen passieren nicht über Nacht. Wenn wir Sie dabei unterstützen können, lassen Sie es uns wissen.

Hans-Dieter Lochmann

President und CEO
FranklinCovey Leadership Institut GmbH, Grünwald
Deutschland Schweiz Österreich

info@franklincovey.de
www.franklincovey.de

Einführung: Fühlen Sie sich lebendig begraben?

Jan schlug erschrocken die Augen auf, als das Flugzeug unter ihm erzitterte. Er schaute sich um und begriff, dass es sich nur um Turbulenzen handelte ... und dass er wieder einmal geschlafen hatte.

Es war ihm während der letzten Stunde nur mit äußerster Willensanstrengung gelungen, sich halbwegs wach zu halten, um weiter an seinen Notizen zu arbeiten. »Ich sollte überhaupt nicht in diesem Flugzeug sitzen«, dachte er ärgerlich. »Ich sollte zu Hause bei Katrina sein!« Sie hatten erst vor wenigen Monaten geheiratet und waren gerade dabei, in ihr neues Zuhause umzuziehen. Diese Reise war unerwartet dazwischengekommen. Das hätte in keinem schlechteren Augenblick geschehen können. Katrina hatte sich einige Zeit freigenommen, um den Umzug zu organisieren, und auch er hatte Urlaub nehmen wollen, aber nun brauchte plötzlich ein wichtiger Firmenkunde technische Notfallhilfe, und er war dafür am besten geeignet. »Wenigstens bekomme ich jetzt mal keine Nachrichten«, grummelte er. »Wenigstens diesen Vorteil hat so ein Nachtflug.«

Als er sich in seinem engen, muffigen Mittelsitz zurücklehnte, wanderten seine Gedanken zu den letzten Wochen, in denen eine Krise die nächste gejagt hatte. Als einer der führenden Entwickler eines kleinen, aber wachsenden Softwareunternehmens war er ständig in Hektik. Vor Kurzem erst waren ihm zusätzliche Führungsaufgaben übertragen worden, sodass er jetzt noch mehr Mitarbeiter zufriedenstellen musste. Wenn die Vertriebsabteilung ihn gerade einmal nicht brauchte, tauchte mit Sicherheit ein Problem in der Entwicklungsabteilung auf. Es gab so vieles zu entscheiden! Per E-Mail, Messenger und SMS erreichten ihn ständig Fragen, die anscheinend nur er beantworten konnte. Das Leben fühlte sich für ihn so beklemmend an wie sein unbequemer Mittelsitz, und es wurde von Tag zu Tag schlimmer.

Vor zwei Jahren, als er den Job übernommen hatte, war er von dem Unternehmen und seinen Zukunftsaussichten ganz begeistert gewesen. Die Produkte gefielen ihm, und die Programmiertätigkeit war genau das, was ihm Spaß machte. Mit Katrinas und seinem Gehalt konnten sie anfangen, sich nach einem Zuhause umzuschauen und vielleicht eine Familie zu gründen. »Aber wenn das so weitergeht«, dachte er jetzt, »verbringen wir kaum genug Zeit miteinander, um gemeinsam Kinder großzuziehen, geschweige denn, sie erst einmal in die Welt zu setzen!«

Auch Katrina war von ihrem Job stark in Anspruch genommen. Sie arbeitete im Einzelhandel, managte mehrere Boutiquen. Weil die Geschäfte abends lange geöffnet hatten, kam sie für gewöhnlich erst spät nach Hause. Und auch dort wartete häufig noch Arbeit auf sie – Arbeitspläne ändern, wenn sich jemand krankmeldete, den Lagerbestand überprüfen und so weiter.

Als sich Jan all diese Dinge durch den Kopf gehen ließ, überkam ihn ein Gefühl, das er so noch nicht kannte – Verzweiflung. »Wird das immer so weitergehen?«, fragte er sich.

Kommt Ihnen das bekannt vor?

Auch wenn die Beschreibung nicht eins zu eins auf Ihre Situation passt, vermuten wir doch stark, dass Ihnen einiges davon vertraut ist.

Als Sie dieses Buch zur Hand genommen haben, geschah das vermutlich aus einem von zwei Gründen.

1. **Sie suchen nach neuen Ideen, wie Sie Ihre Produktivität steigern können.** Sie kommen eigentlich mit Ihrer Situation ganz gut zurecht, sehen aber Raum für Verbesserungen. Sie möchten besser mit Ihrer Zeit haushalten, um mehr aus Ihrem Tag herauszuholen. Sie wollen mehr erreichen, beruflich vorankommen, mehr Zeit für die Menschen haben, die Ihnen wichtig sind, oder sich besonderen Zielen widmen.

2. **Sie sind am Ende Ihrer Kräfte und wünschen sich echte Hilfe.** Ähnlich wie Jan rackern Sie sich ab, um der ständig wachsenden Flut von Aufgaben und Entscheidungen Herr zu werden, die täglich über Sie hereinbrechen. Sie fühlen sich unausgeglichen und vermissen Zeit für sich selbst. Sie spüren, dass Ihre Gesundheit und Ihre Beziehungen zu kurz kommen und dass Sie sich schon glücklich schätzen, wenn Sie den Tag einigermaßen überstehen. Sie wissen: Wenn sich nicht bald etwas ändert, werden Sie irgendwann aus der Haut fahren oder zusammenbrechen.

Wenn eine der beiden Beschreibungen auf Sie zutrifft oder Sie sich irgendwo dazwischen wiederfinden, sind Sie damit nicht allein. Unserer

Erfahrung nach fühlen sich immer mehr Menschen vom Alltag überfordert. Sie sehen durchaus Chancen, die verlockend sein können, aber zugleich fühlen sie sich erschlagen; sie hetzen von einer Aufgabe zur nächsten und versuchen, irgendwie weiterzukommen – fürchten jedoch gleichzeitig, abgehängt zu werden. Und das verursacht Druck. Manchen kommt es so vor, als nähme dieser Druck umso mehr zu, je mehr sie sich anstrengten. Die Flut an Aufgaben, Terminen, Pflichten und Verantwortlichkeiten scheint niemals abzureißen. Bisweilen fühlt es sich für sie an, als regnete ein Berg von Kieseln unablässig auf sie herab und drohe sie lebendig zu begraben.

Mit diesem Buch möchten wir Ihnen dabei helfen, sich von dieser Last zu befreien, damit Sie wieder Luft schöpfen und die Freude am Leben zurückgewinnen können. Wir tun dies, indem wir Ihnen die Prinzipien, Vorgehensweisen und Werkzeuge an die Hand geben, mit denen Sie selbst das Gleichgewicht wiederherstellen können – um der nicht abreißenden Flut der auf Sie einstürzenden Dinge endlich Herr zu werden. Erwarten Sie keine schnell wirkenden Zauberformeln. Sie müssen auch Ihren Teil beitragen, aber jedes Kapitel bietet eine Fülle von einfachen und zugleich mächtigen Instrumenten und Anregungen, die Sie unmittelbar umsetzen und mit deren Hilfe Sie Ihr Leben entscheidend verbessern können.

Sobald Sie damit beginnen, unsere Empfehlungen eine nach der anderen in die Tat umzusetzen, werden Sie merken, wie sich mehr Gleichgewicht einstellt. Sie werden spüren, wie der Druck nachlässt, und sich zunehmend produktiver und zufriedener fühlen. Sie werden einen klaren Blick entwickeln für das, was wichtig ist, und Sie werden jeden Tag mit dem bestätigenden Gefühl einschlafen, etwas geleistet zu haben.

Das Produktivitätsparadox

Niemals in der Geschichte der Menschheit war es einfacher, große Dinge zu vollbringen. Und das verdanken wir zu einem wesentlichen Teil der technologischen Entwicklung und dem durch sie bewirkten Produktivitätszuwachs.

Die moderne Kommunikationstechnologie ermöglicht einem Kind in Bangladesch, von den besten Lehrern auf diesem Planeten Algebra zu lernen. Menschen aus den entferntesten Winkeln der Erde können sich in Echtzeit ins Gesicht schauen und miteinander kommunizieren und kooperieren. Wir haben Zugang zu den größten Bücherschätzen der Welt und können unsere eigenen Gedanken mit jedem beliebigen Menschen teilen. Mithilfe der modernen Technologie können wir heute neue Heilungsverfahren entwickeln, das menschliche Genom entschlüsseln, Regierungen stürzen, Staatsgeheimnisse aufdecken und die Korruption bekämpfen.

Je enger das Kommunikationsnetz, je leistungsfähiger die Computer und je raffinierter und besser tragbar die Geräte sind, mit denen sich so ziemlich alles von der Hauttemperatur bis zu unserer Durchblutung messen lässt, desto enger wird unser Leben und Denken mit den verwendeten Technologien verknüpft sein. Und die Revolution hat gerade erst begonnen.

Manchmal sind es jedoch genau diese Technologien, die es uns schwerer machen denn je, das zu leisten und zu erreichen, was uns am meisten am Herzen liegt.

Das Produktivitätsparadox

Es ist gleichzeitig einfacher und schwieriger als jemals zuvor, außergewöhnlich produktiv zu sein und das Gefühl zu haben, im Leben etwas zu erreichen.

Der Strom an Informationen, mit dem uns die moderne Kommunikationstechnologie überschüttet, nimmt unsere Aufmerksamkeit dermaßen in Anspruch, dass uns kaum mehr Zeit und Kraft für die wichtigen Dinge bleibt. Die Technologie gestattet es so ziemlich jeder Person irgendwo auf der Welt, unsere digitalen Postfächer mit allem Erdenklichen zu füllen. Sie zwingt uns dazu, in irgendeiner Form zu reagieren, und sei es nur, dass wir Nein sagen. Wir ertrinken förmlich in der Flut dessen, was täglich auf uns einströmt und uns genau jene Kraft raubt, die wir eigentlich in wertvollere Aktivitäten investieren könnten. Oft schrauben wir dann unsere Erfolgserwartungen zurück und sind schon zufrieden, wenn wir das vorgegebene Pensum leidlich bewältigen, auch wenn dabei die eigentlich wichtigen Dinge, die uns das Gefühl geben können, Außergewöhnliches zu leisten, auf der Strecke bleiben.

Unsere technologiegetriebene, hochgetaktete Arbeitswelt frisst sich in einem solchen Ausmaß in unser Leben, dass sich die Menschen so ausgeliefert und überfordert fühlen wie niemals zuvor. Es kommt ihnen vor, als erstickten sie unter Aufgaben, denen sie sich immer weniger gewachsen fühlen. Sie empfinden Unruhe und Angst und fühlen sich von der Arbeit ebenso gestresst wie von der arbeitsfreien Zeit. Es ist ein semipermanenter Zustand der Nervosität, der unser ganzes Menschsein durchdringt und uns Zuversicht und Freude raubt. Das ist der Preis, den das Produktivitätsparadox so vielen Menschen abverlangt – und das gilt ganz besonders für jene, die nicht wissen, wie sie das Paradox zähmen und zu ihrem Vorteil nutzen können.

Das Produktivitätsparadox setzt sich im Wesentlichen aus drei Herausforderungen zusammen.

Herausforderung 1:
Wir treffen mehr Entscheidungen denn je

Im Zuge der Industrialisierung zu Beginn des 20. Jahrhunderts ermöglichte die Automatisierung der Arbeit gewaltige Produktivitätssteigerungen. Die Arbeit wurde in monotone Fließbandhandgriffe zerlegt, die praktisch jeder verrichten konnte. Das befähigte Unternehmen und Staaten, Güter in ganz anderen Mengen herzustellen. Diesem Produktivitätszuwachs verdankte das 20. Jahrhundert seinen Wohlstand.

Im 21. Jahrhundert jedoch bewegt sich die Wertschöpfung weg von der manuellen Montagetätigkeit und hin zur kreativen, geistigen Tätigkeit. Es geht um das Entwerfen, Konstruieren und Vermarkten komplexer Produkte, Dienstleistungen und Prozesse wie beispielsweise Software oder hoch entwickelter medizinischer Geräte. Ökonomischer Wert ist zunehmend das Produkt mentaler Tätigkeiten, die durch eine hohe Entscheidungsdichte gekennzeichnet sind.

Die Herausforderung in Sachen Produktivität besteht darin, dass die Menge an Entscheidungen, die wir im Rahmen unserer Tätigkeit zu treffen haben, uns schier erstickt. Und weil die meisten Menschen strebsam und fleißig sind, versuchen sie, dieser Flut Herr zu werden. Sie tun dies, indem sie die anstehenden Entscheidungen eine nach der anderen abzuarbeiten versuchen – streng nach Reihenfolge und so gut es irgendwie geht. So entsteht eine moderne Form der Fließbandtätigkeit.

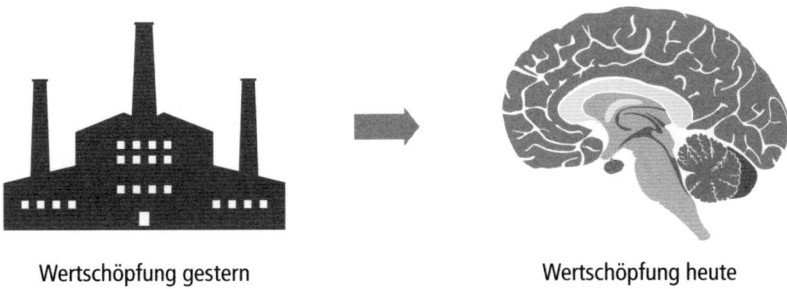

Wertschöpfung gestern   Wertschöpfung heute

Das Problem ist jedoch, dass sich wertschöpfende Entscheidungen keiner vorhersehbaren, linearen Ordnung fügen. Wenn wir nicht aufpassen, übersehen wir sie entweder komplett oder wir handeln sie nebenbei und ohne die nötige Sorgfalt ab. Der Versuch, einer nichtlinearen Wirklichkeit mit linearen Mitteln beizukommen, ist zum Scheitern verurteilt. Wir steigern unsere Produktivität nicht dadurch, dass wir lediglich die Ärmel hochkrempeln und einen Zahn zulegen – echten Wert wird in unserer Welt nur derjenige schaffen, der es versteht, einen Schritt zurückzutreten, Prioritäten zu setzen und in Fragen, die wirklich ergebnisrelevant sind, optimale Entscheidungen zu treffen.

Eine im *Harvard Business Review* erschienene Studie kam zu dem Ergebnis, dass Spitzenkräfte in wenig komplexen Berufen mit geringem Entscheidungsbedarf (beispielsweise in einem Fastfood-Restaurant) dreimal so produktiv waren wie ihre schwächsten Kollegen. In Jobs mit mittlerem Komplexitätsgrad waren die Spitzenkräfte (beispielsweise Produktionsarbeiter in einer Hightech-Fabrik) bereits zwölfmal so produktiv. In hochkomplexen Berufen jedoch, wo alles von den richtigen Entscheidungen abhängt (beispielsweise Programmierer oder Partner in einer Investmentbank) waren die Unterschiede zwischen den Spitzenkräften und ihren schwächsten Kollegen so gewaltig, dass sie sich gar nicht mehr beziffern ließen.[1]

Denken Sie an Ihre eigene Tätigkeit. Fühlt sie sich nicht ziemlich komplex an? Gibt es Bereiche, in denen alles von den richtigen Entscheidungen abhängt? Können Sie diesen Entscheidungen ausreichend Zeit und Energie widmen, um sie in Ruhe und mit Sorgfalt zu treffen?

| Geringe Komplexität 3x | Mittlere Komplexität 12x | Hohe Komplexität ∞ |

Herausforderung 2: Unsere Aufmerksamkeit steht unter noch nie dagewesenem Dauerbeschuss

Wäre die Zahl der Entscheidungen unser einziges Problem, kämen wir damit möglicherweise zurecht. Aber es gibt eine zweite Schwierigkeit: Während wir uns bemühen, die fälligen Entscheidungen zu treffen, wird unsere Aufmerksamkeit ständig von anderen Dingen in Anspruch genommen. Fortlaufend piept und summt es irgendwo, und vor unseren Augen blinken die Werbebanner, mit der Folge, dass wir uns nur schwer auf die eigentlich relevanten Dinge konzentrieren können.

Selbst unser persönliches technologisches Umfeld wird bisweilen zu Feindesland. Wenn Sie jemals etwas Wichtiges im Netz recherchieren wollten und sich eine Dreiviertelstunde und unzählige Klicks später dabei ertappten, wie Sie hirnlose Videos schauten oder Dinge lasen, die für Sie keinerlei Wert hatten, wissen Sie, wie leicht wir uns ablenken lassen, wenn wir nicht ganz genau aufpassen.

Das Marketing versteht es aufs Beste, unser natürliches Zerstreuungsbedürfnis anzusprechen. Denken Sie nur an die zig Millionen Dollar und die ungezählten Arbeitsstunden, die die Firmen investieren, damit wir ihren Fernsehwerbespots 30 Sekunden unserer Aufmerksamkeit schenken. Nicht weniger Aufwand betreiben sie im Internet, wo sie mit ihren blinkenden und tanzenden Anzeigen voller seltsamer

Geräusche versuchen, unsere Aufmerksamkeit lange genug zu fesseln, um uns irgendetwas zu verkaufen. Unsere Medienlandschaft, von den Nachrichten über die Werbung bis zum breiten Unterhaltungsangebot, scheint es darauf angelegt zu haben, uns unsere wichtigste mentale Ressource – unsere Aufmerksamkeit – zu stehlen. In Wahrheit geht es dabei um Dollar oder Euro oder Yuan – mit anderen Worten, um sehr viel Geld. Der Anreiz für die Werbetreibenden, uns unsere Aufmerksamkeit zu rauben, und sei es auch nur für einen Augenblick, ist groß.

Sich längere Zeit auf eine Sache zu konzentrieren, fällt jedem schwer – einzelnen Menschen ebenso wie ganzen Organisationen. Das machen schon Formulierungen deutlich wie »Aufmerksamkeit schenken« oder »Aufmerksamkeit zollen«: Aufmerksamkeit ist eine Ressource, die nicht unerschöpflich ist. Es kostet uns Energie, uns auf etwas zu konzentrieren. Und das ist nicht nur im übertragenen Sinne zu verstehen; auch auf der biologisch-neurologischen Ebene erfordert Konzentration Energieeinsatz. Weil Aufmerksamkeit anstrengt, fällt es uns sehr viel leichter, uns von weniger wichtigen Dingen ablenken zu lassen.

In der Summe bedeutet das: Wenn wir nicht aufpassen, schalten wir in den mentalen Autopiloten, der uns von einer Zerstreuung zur nächsten trägt, und verpassen so die Dinge, die wirklich relevant sind und die unseren Tagen, unserem Leben und unseren Beziehungen echten Wert verleihen.

Herausforderung 3:
Wir leiden unter einer persönlichen Energiekrise

Inmitten all der erforderlichen Entscheidungen, die über Sie hereinbrechen, und all der Ablenkungen, die um Ihre Aufmerksamkeit buhlen – geht es Ihnen da nicht auch manchmal so, dass Sie nur mit Mühe einen klaren Gedanken fassen können? Fühlen Sie sich fast die ganze Zeit müde und kraftlos? Kommen Sie nur mithilfe von Stimulanzien wie Kaffee oder aufputschenden Energydrinks über den Tag? Sind Sie schon einmal nach einem langen Arbeitstag oder einer Arbeitswoche vor Erschöpfung in eine Lethargie gefallen, die es Ihnen unmöglich machte, sich noch zu irgendetwas aufzuraffen oder am Leben Ihrer Lieben teilzunehmen?

Nur ein bewusst geführtes Leben ist produktiv, und dazu benötigen wir mentale Energie. Aber die Flut von Dingen, die dank der modernen Technologie ständig über uns hereinbrechen, macht uns so schlapp und müde, dass wir, jeder für sich, in unsere eigene Energiekrise schlittern. Es mangelt uns an der mentalen Energie, die es braucht, um klar zu denken, und das ist in einer Welt der Wissensarbeit ein echtes Problem.

Energiemanagement handelt nicht nur von physischer Spannkraft, obwohl auch diese wichtig ist. Hier geht es um die rohe Energie, die es uns überhaupt erst ermöglicht, mentale Arbeit zu verrichten. Und auch das ist nicht nur im übertragenen Sinne gemeint; vielmehr haben wir es hier mit einer biologisch-neurologischen Realität zu tun. Unser Gehirn benötigt bestimmte Dinge, um zu funktionieren, wie Glukose und Sauerstoff, und wie gut das Gehirn mit diesen Stoffen versorgt wird, hängt von mehreren Faktoren ab. Unsere heute üblichen Arbeitsumgebungen sind jedoch extrem unverträglich für unser Gehirn. Der abgezirkelte Arbeitsplatz, der ausschließlich auf die sitzende Tätigkeit zugeschnitten ist, »verkörpert die Hirnfeindlichkeit par excellence«, stellt der Hirnforscher John Medina fest.[2] Das gilt nicht minder für unsere zunehmend komplexen und mental anspruchsvollen Berufe.

Die Folgen des Produktivitätsparadoxes

Diese drei Aspekte des Produktivitätsparadoxes – eine ständige Flut von Entscheidungen, die es zu treffen gilt, die unablässige Inanspruchnahme unserer Aufmerksamkeit und die Belastung, die das für unseren persönlichen Energiehaushalt darstellt – machen sich ganz real darin bemerkbar, wie wir uns bei der Arbeit, zu Hause und im übrigen Leben fühlen.

Wir spüren es täglich, wenn wir erschöpft nach Hause kommen, unsicher, ob wir den Anforderungen gerecht geworden sind, besorgt angesichts all dessen, was unerledigt geblieben ist, und in Furcht vor dem nächsten Tag. Wir fühlen es, wenn wir unser Leben als Ganzes betrachten und feststellen, dass wir wichtige Bereiche vollkommen vernachlässigen, Beziehungen nicht pflegen, Begabungen brachliegen und Interessen verkümmern lassen. Wir merken es, wenn wir an all das denken, was möglich wäre und was wir uns einmal zum Ziel gesetzt hatten – was aber dann liegen geblieben ist, weil wir uns infolge all der Aufgaben und Anforderungen, denen wir uns ständig ausgesetzt sehen, nur noch müde und kraftlos fühlen.

Das alles kommt uns nicht nur so vor; es ist tatsächlich quantifizierbar. Würden Sie es glauben, wenn wir Ihnen Folgendes erzählten – dass in einer Welt, die uns mehr Möglichkeiten denn je bietet, Großartiges zu leisten, 40 Prozent – fast die Hälfte – unserer Zeit, Aufmerksamkeit und Energie in unwichtige und irrelevante Aktivitäten fließen?

Genau das ist es, was eine FranklinCovey-Studie über einen Zeitraum von sechs Jahren zum Vorschein gebracht hat. Die 351 613 Teilnehmer der Studie kamen aus Afrika, dem asiatisch-pazifischen Raum, Europa, Lateinamerika, dem Nahen Osten und Nordamerika. In dieser Studie gaben die Menschen zu Protokoll, dass sie rund 60 Prozent ihrer Zeit mit wichtigen Dingen und rund 40 Prozent mit Dingen verbrachten, die weder für sie noch für ihre Unternehmen von Bedeutung waren.[3]

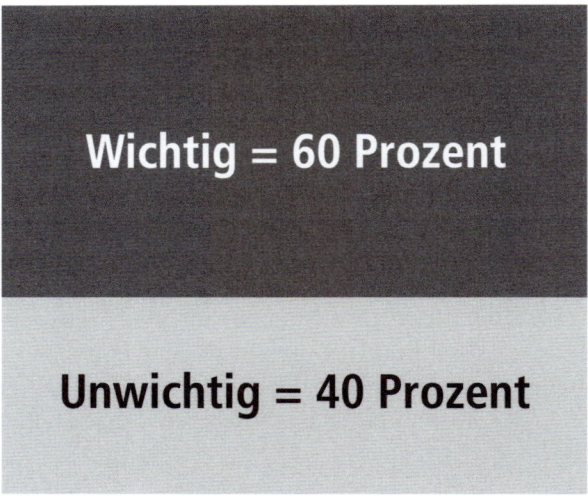

Lassen Sie sich dieses Ergebnis eine Minute lang durch den Kopf gehen. Sie könnten jetzt sagen: »Nun ja, das ist zumindest mehr als die Hälfte!« Aber was würden Sie sagen, wenn Ihr Auto nur die halbe Zeit fahren würde? Wären Sie damit zufrieden? Und was ist mit Ihrem

Computer oder Ihrem Handy? Wie würden Sie reagieren, wenn nur jede zweite Lampe in Ihrem Haus funktionieren würde? Oder wenn nur die Hälfte Ihrer Bankeinlagen und Investitionen Rendite abwürfe? Oder wenn Ihre Lieblingsmannschaft nur in halber Mannstärke zum Meisterschaftsspiel anträte? Sie würden Situationen wie diese sicherlich nicht einfach so hinnehmen; warum also geben Sie sich, wenn es um Ihre Zeit geht, mit weniger zufrieden?

Vom Unternehmensstandpunkt aus gesehen bedeutet das, dass nur ungefähr die Hälfte des Geldes, das für Gehälter ausgegeben wird, in Dinge fließt, die dem Unternehmen etwas bedeuten. Für Sie als Führungskraft heißt das, dass Ihr Team seine wichtigsten Ziele lediglich mit etwa halber Kraft verfolgt.

Lassen Sie uns den Blick auf einige Zahlen werfen.

Nehmen wir für einen Augenblick an, Ihr Unternehmen entspräche dem globalen Durchschnitt. Das würde bedeuten, dass ein typischer Beschäftigter in Ihrem Team 2080 Stunden im Jahr oder 40 Stunden in der Woche arbeitet. Wenn Sie darauf die 40-Prozent-Schablone anwenden, ergeben sich 832 Stunden im Jahr, die jeder Mitarbeiter Ihres Teams mit unwichtigen Aktivitäten verbringt. Nehmen wir weiter an, dass Ihr Unternehmen oder Ihr Bereich 500 Mitarbeiter hat, und dass der Stundenlohn der Beschäftigten dieser Einheit über alle Hierarchieebenen gemittelt 50 US-Dollar beträgt. Dann resultiert daraus eine jährliche Verschwendung in Höhe von 20 Millionen US-Dollar.

Unserer Erfahrung nach sind das die größten verborgenen Kosten heutiger Unternehmen. Sie entstehen, weil Mitarbeiter Zeit, Aufmerksamkeit und Energie auf Dinge verwenden, die in keinem Bezug zu den wichtigsten Zielen des Unternehmens stehen.

Das ist kein bloßes Zahlenspiel. Stellen Sie sich vor, was es für das Engagement und die Einsatzbereitschaft eines Mitarbeiters bedeutet, wenn er einen Job tun muss, der zur Hälfte aus unwichtigen Dingen besteht und in dem er ständig durch Nebensächlichkeiten davon abgehalten wird, sich den Dingen zu widmen, in denen er wirklich gut ist und etwas Bedeutendes beitragen könnte.

Hier manifestiert sich das Produktivitätsparadox auf sehr reale Weise. In einer Zeit, die uns mehr denn je die Mittel an die Hand gibt, um Außergewöhnliches zu leisten, scheint es uns zugleich schwerer denn je zu fallen, diese Möglichkeiten tatsächlich zu nutzen. Das betrifft unsere Arbeit, unsere Beziehungen, unser Gefühl der Zufriedenheit und Erfüllung, ja sogar unsere Gesundheit.

Als Ideal schwebt uns keineswegs der Mensch als kleine Effizienzfabrik vor, die immerwährend im Produktionsmodus verweilt und beständig 100 Prozent bringt. Das ist eine fixe Idee aus dem Industriezeitalter, die weder unseren heutigen Vorstellungen von einem ausgewogenen Leben entspricht noch letztlich produktiv wäre. Wir sprechen vielmehr über die Zeit und die Energie, die wir für Dinge zur Verfügung haben, welche für uns und unsere Arbeit relevant sind – Dinge, auf die wir am Ende des Tages zufrieden und erfüllt zurückblicken können. Wäre es nicht wünschenswert, den Anteil der auf diese Dinge verwendeten Zeit und Energie auch nur ein wenig zu steigern? Wie wäre es, wenn Sie in Ihrem persönlichen Fall das Verhältnis auf 70/30 oder 80/20 erhöhen könnten? Wie würde sich das auf Ihre Arbeit und Ihr Leben auswirken?

Stellen Sie sich vor, Sie könnten einige dieser lästigen Dinge loswerden, die Sie ständig davon abhalten, das zu tun, was Sie am besten können, ihre wichtigsten Beziehungen zu pflegen oder sich damit zu beschäftigen, was Ihnen Freude bereitet und Erfüllung bringt.

Wenn Sie wie wir der Überzeugung sind, dass es nichts Wertvolleres gibt als das Leben selbst und die Zeit und die Energie, die wir täglich darauf verwenden, es wahrzunehmen und zu genießen – erscheint es da nicht wünschenswert, mehr von dieser Zeit und Energie auf Dinge zu verwenden, die uns wirklich etwas bedeuten?

Wie sieht außergewöhnliche Produktivität aus?

Wenn wir hier von außergewöhnlicher Produktivität sprechen, heißt das natürlich nicht, dass nun jeder gleich am Freitag den Weltfrieden vermitteln und am Montag den Nobelpreis gewinnen müsste. Was uns vielmehr vorschwebt, ist, dass wir im Leben und im Beruf unser Bestes geben, uns mit unserer ganzen Person einbringen und die Talente und Energien nutzen können, die unsere Einzigartigkeit zu bieten hat. Das heißt in erster Linie, dass wir etwas leisten, mit dem wir zufrieden und auf das wir stolz sein können.

Jetzt sagen Sie sich vielleicht: »Klar, das klingt gut, aber mein Beruf lässt mir wenig Freiheiten. Da muss ich schauen, wie ich zurechtkomme.« Denken Sie einen Augenblick an den Fastfood-Mitarbeiter aus der zitierten Studie zurück. Stellen Sie sich vor, wie sich seine Arbeit praktisch gestaltet. Es ist eine Tätigkeit von geringer Komplexität und mit klaren Anweisungen, die den Entscheidungsbedarf so weit wie möglich reduzieren, klar vorgeben, worauf in jedem Augenblick zu achten ist, und die Notwendigkeit, sich mental anzustrengen, minimieren. Sie mögen jetzt entgegnen, dass es sich hierbei um die stupideste Tätigkeit handelt, die der Planet heute noch zu bieten hat – eine Tätigkeit, die stark an die alte Form der Fließbandarbeit erinnert. Und damit hätten Sie auch recht.

Aber selbst in diesem Umfeld stellt sich die Frage, wie es sein kann, dass manche Mitarbeiter dreimal so produktiv sind wie andere.

Eine Bekannte von uns bestellte sich in der Imbissecke eines Kaufhauses etwas zu essen. Sie erwartete lediglich ein Sandwich, erlebte dann aber einen Service, den sie niemals vergessen wird.

Als sie mit ihrer Bestellung an der Reihe war, sah sie sich einem jungen Mitarbeiter voller Tattoos und Piercings gegenüber – unter jungen Erwachsenen in Geschäften wie diesem keine Seltenheit. Als er sie aber ansprach, bemerkte sie sofort das überaus freundliche Gesicht und die Aufmerksamkeit, mit der er sich ihrer Bestellung annahm.

Sie sah zu, wie er das Sandwich mit gekonnten Bewegungen zusammenstellte, aus denen sie ablas, dass ihm die Arbeit nicht nur Spaß bereitete, sondern dass er sie bis ins Detail beherrschte – es war fast so, als beobachtete sie die Darbietung eines Tänzers oder bildenden Künstlers. Er hatte seine Handgriffe so gründlich durchdacht und aufeinander abgestimmt, dass er sich mit seinen Fähigkeiten optimal einbringen konnte.

Als er ihr das fertig komponierte Sandwich mit einem aufrichtigen Dankeschön überreichte, ging ihr auf, dass sie keinem Nullachtfünfzehn-Angestellten bei der Fließbandarbeit, sondern einem Menschen bei einem bewussten Gestaltungsprozess zugeschaut hatte.

Worin bestand der Unterschied?

Selbst in diesem streng reglementierten Umfeld gab es jemanden, der sich bewusst gemacht hatte, was ihm unter den Dingen, auf die er Einfluss hatte, am wichtigsten war, um seine Aufmerksamkeit und Energie zukünftig ganz darauf zu konzentrieren. Er tat etwas, ohne das eine optimale Steigerung der Produktivität nicht möglich wäre – er brachte sich mit seiner ganzen Person in seine berufliche Tätigkeit ein. Dadurch wurde seine Arbeit sehr viel produktiver, sie bereitete ihm mehr Freude, brachte ihm mehr Erfüllung und hinterließ bei denen, die er bediente, einen stärkeren Eindruck.

In welchen Augenblicken sind Sie besonders produktiv?

Vergleichen Sie die eben beschriebene Arbeitssituation mit Ihrer eigenen, die vermutlich mehr Raum für eigene Entscheidungen lässt. Wann hatten Sie wie dieser junge Mann das Gefühl, dass Sie besonders produktiv waren? Haben Sie an etwas mitgearbeitet, das Ihnen die Möglichkeit bot, Ihre besten Fähigkeiten unter Beweis zu stellen? Konnten Sie sich mit Ihrer ganzen Person einbringen? Hatten Sie am Ende des Tages das Gefühl, etwas geleistet zu haben?

Was gab es in solchen Situationen für Sie zu entscheiden, und wie gingen Sie dabei vor? Wie gut konnten Sie sich konzentrieren? Gelang es Ihnen, Ablenkungen rasch abzuhandeln und sich weiter auf Ihre Tätigkeit zu konzentrieren? Wie viel Energie verspürten Sie, und wie klar konnten Sie dabei denken?

Wenn wir größeren Gruppen diese Fragen stellen, verraten die Augen der Teilnehmer häufig einen Anflug von Furcht: »Habe ich so etwas überhaupt schon einmal erlebt?«

Fasziniert beobachten wir dann, wie sie ihr Gedächtnis nach solchen positiven Augenblicken durchforsten. Für gewöhnlich sind sie so damit beschäftigt, ihr Programm abzuarbeiten, dass ihnen keine Zeit bleibt, ihre Erfolge wahrzunehmen, geschweige denn zu genießen. Wenn ihnen dann bewusst wird, dass es solche Augenblicke gab, in denen sie Großartiges leisteten, und sie beginnen, sich untereinander über die besten Momente in ihrem Leben auszutauschen, ist die Energie im Raum förmlich mit Händen zu greifen.

Stellen Sie sich vor, Sie könnten jeden Abend auf den erlebten Tag mit dem Gefühl zurückblicken, etwas Wichtiges geleistet zu haben.

Was Sie mit den 5 Entscheidungen gewinnen können

Wir haben dieses Buch geschrieben, weil wir überzeugt sind, dass es jedem Menschen gegeben ist, Außergewöhnliches zu leisten. Jeder Mensch hat die Möglichkeit, sich abends mit dem guten Gefühl schlafen zu legen, dass er den Tag sinnvoll genutzt hat.

Damit uns das gelingt, müssen wir uns jedoch mit den drei Herausforderungen des Produktivitätsparadoxes auseinandersetzen. Wir müssen unsere Fähigkeiten in drei Bereichen verbessern:

- Entscheidungsmanagement
- Aufmerksamkeitsmanagement
- Energiemanagement

Die gute Nachricht lautet: Es gibt 5 Entscheidungen, die wir lediglich konsequent treffen müssen, um das zu erreichen. Diese 5 Entscheidungen basieren auf den zeitlosen Prinzipien der menschlichen Produktivität, die wir und andere von FranklinCovey seit über 30 Jahren lehren. Sie berücksichtigen die neuesten Ergebnisse aus Hirnforschung, Biologie, Technologie und Hochleistungspsychologie. Sie finden ihre zehntausendfache Bestätigung in den Erfahrungsberichten von Menschen, die sie in zahlreichen Situationen und Unternehmen in aller Welt angewendet haben. Die Praxis hat gezeigt, dass sie funktionieren.

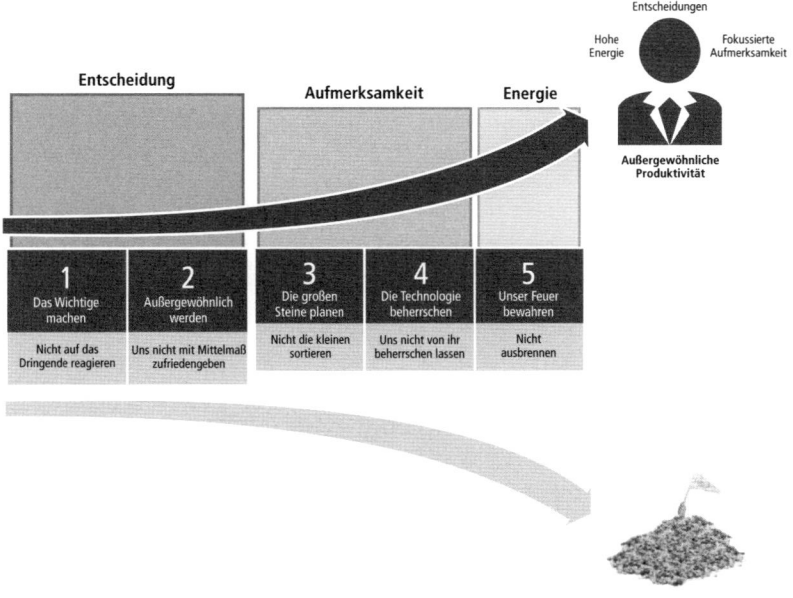

Die Alternative bestünde darin, die neuen Erkenntnisse zu Entscheidungsfindung, Aufmerksamkeit und Energie zu ignorieren und uns auch zukünftig von der Flut der auf uns einströmenden Aufgaben und Anforderungen unterkriegen zu lassen – um weiterhin 40 Prozent unserer Zeit und Energie auf Dinge zu verwenden, die uns wenig oder nichts bedeuten, und zuzulassen, dass andere unser Leben bestimmen, anstatt es selbst in die Hand zu nehmen und am Ende des Tages auf das Erreichte stolz und zufrieden zurückblicken zu können.

Es geht um die Qualität von Arbeit und Leben und um das Gefühl der Erfüllung, das sich einstellt, sobald wir die Möglichkeit haben, etwas zu leisten, zu dem nur wir imstande sind.

ZUSAMMENFASSUNG

- Das Produktivitätsparadox besagt, dass es für uns heute gleichzeitig einfacher und schwerer als jemals zuvor ist, außergewöhnlich produktiv zu sein und ein erfülltes Leben zu führen.

- Die drei wichtigsten Herausforderungen des Produktivitätsparadoxes sind die überwältigende Flut der zu treffenden Entscheidungen, die vielen Ablenkungen, die unsere Aufmerksamkeit in Beschlag nehmen, und das Gefühl der mentalen Erschöpfung und Energielosigkeit.

- Jedem Menschen ist die Möglichkeit gegeben, Außerordentliches zu leisten.

- Jedem von uns bieten sich 5 Entscheidungen, die wir nur konsequent zu treffen brauchen, um dem Chaos zu entkommen und den Tag mit dem Gefühl zu beenden, etwas geleistet zu haben.

Entscheidungs-management

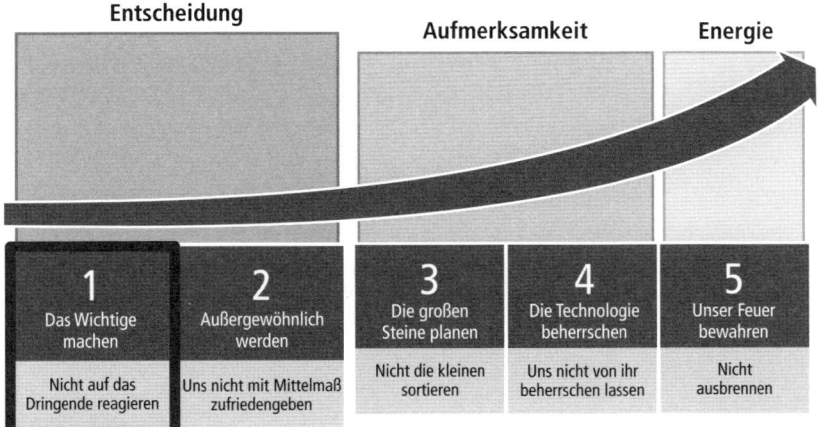

Die 1. Entscheidung:
Das Wichtige machen; nicht auf das
Dringende reagieren

»Die unterlassene bewusste Entscheidung für das Wichtige kommt der unbewussten Entscheidung für das Unwichtige gleich.«
STEPHEN R. COVEY

Cara lag am Morgen im Bett und versuchte, nach der etwas zu kurzen Nachtruhe zu sich zu kommen. Der Wecker rasselte erbarmungslos. Sie wusste, dass ihr etwas Sport guttun würde. Es mangelte ihr auch nicht am guten Willen; sie hatte sich sogar vor dem Zubettgehen die neueste Poweryoga-App heruntergeladen. Sie schaltete den Wecker aus.

Die Aufgaben des bevorstehenden Tages schoben sich in ihr Bewusstsein. Die Frist für ein größeres Projekt lief in Kürze ab. Und dann gab es noch eine Million weiterer Dinge, die auch bedacht sein wollten. Unruhig griff sie nach ihrem Smartphone, um zu schauen, ob neue E-Mails vom Projektteam eingetroffen waren.

»Zur sofortigen Beachtung!« »Wichtige Informationen!« »Muss noch heute geprüft und entschieden werden!«

Von den 30 E-Mails, die eingegangen waren, seitdem sie ihr Telefon am Abend zuvor weggelegt hatte, erschienen ihr viele dringend zu sein. Die Spam-Mails, die auch dazwischen waren, löschte sie sofort. Manche Mails erschlossen sich ihr nicht auf den ersten Blick, und so begann sie damit, sie im Detail zu lesen, um zu sehen, ob es gegebenenfalls etwas zu tun gäbe. Bevor sie sich versah, hatte sie, noch vor dem Aufstehen, 45 Minuten mit der Durchsicht der E-Mails verbracht. »Okay«, seufzte Cara, als ihr klar wurde, dass sie damit die Chance auf das morgendliche Yoga vertan hatte. Womöglich kam sie noch zu spät zur Arbeit, wenn sie sich nicht beeilte.

Sie duschte kurz, legte rasch etwas Make-up auf, überlegte vor ihrem Kleiderschrank, welches Outfit am wenigsten zerknittert war, legte noch schnell ihrem Mitbewohner einen Zettel hin, er möge den Müll wegbringen und auf dem Rückweg etwas Kaffee besorgen, und verließ die Wohnung.

Zehn Minuten später stoppte sie in der Kaffeebar am Bahnhof, um sich ein Brötchen und einen Milchkaffee (besser einen doppelten … oder einen dreifachen?) zu kaufen, und erreichte anschließend gerade noch ihren Zug. Sie sah sich um und fand einen freien Sitzplatz neben einem Mann, der für diese Tageszeit reichlich entspannt aussah. Sie kümmerte sich nicht weiter darum, griff in ihre Tasche und öffnete ihr Tablet.

Sie hatte heute eine wichtige Planungssitzung und musste noch einige Zahlen vorbereiten. Sie hatte es gestern tun wollen, aber dann war eine dringende Anfrage von Karl dazwischengekommen, der ein Talent dafür zu haben schien, sie in den unpassendsten Augenblicken zu stören. Vielleicht hatte er einen Krisenradar, der immer dann anschlug, wenn sie gerade unter Druck stand. Echt! Und letzte Woche hatte er sogar die Dreistigkeit besessen, sie zu fragen, ob sie mit ihm ausginge. Wie bitte? Ist das ein Scherz? Tut mir leid, Karl.

Sie ging ihre Zahlen durch und stellte fest, dass ihr einige wichtige Daten von Kellie fehlten. Sie schrieb ihr rasch eine Kurznachricht: »Brauche diese Lagerbestandslisten bis 9 Uhr. Kannst du sie mir schicken?« Wenige Sekunden später kam Kellies Antwort: »Ich bin dabei!«

»Sehr gut!«, dachte sie. »Kellie ist immer da, wenn man sie braucht. Ich bin froh, sie in meinem Team zu haben. In der Not kann ich mich auf sie verlassen.«

Während sie in ihren Papieren stöberte, warf ihr der Mann neben ihr einen halb amüsierten, halb gelangweilten Blick zu. »Na ja«, dachte sie, »wahrscheinlich hat er ohnehin keinen richtigen Job. Vielleicht ist er Kunstprofessor mit halber Stelle oder so etwas in der Art. Sicherlich niemand, der wichtige Geschäfte zu betreuen hat.« Sie vergrub sich tiefer in ihre Berichte.

Während der zwanzigminütigen Fahrt in die Stadt gratulierte Cara sich dazu, wie gut sie die Zeit zu nutzen wusste. Sie hatte von Kellie die Berichte erhalten, zehn weitere E-Mails an Teammitarbeiter verschickt, damit sie wussten, dass ihr Einsatz gewürdigt wurde, und die wichtigsten Zahlen zusammengestellt, die sie für ihre Planungssitzung benötigte.

Der Tag verlief mehr oder weniger wie alle Tage – eine Sitzung nach der anderen. Entscheidungen über Entscheidungen. Das Projekt lag kaum hinter dem ursprünglichen Plan zurück, und jeder schien seinen Teil beizutragen. Es gab einen Zulieferer, der im ersten Anlauf nie zurechtkam und jedes Mal mit Verweis auf den gewachsenen Projektumfang finanzielle Nachforderungen stellte. »War nicht von vornherein klar, dass die Webkomponente groß werden würde?«

Wenn sie nur nicht so viel Zeit mit Unternehmensberichten und interner Politik verbringen müsste! Es liefen mehrere Projekte parallel, sodass manche Ressourcen von allen zur gleichen Zeit benötigt wurden. Am Nachmittag hatte sie 90 Minuten mit dem Versuch zugebracht, die Programmierressourcen zu sichern, die sie in dieser Woche benötigte und die plötzlich von einem anderen Projekt beansprucht wurden. War das denn die Möglichkeit?

Als sie um 7 Uhr abends ihren Laptop zuklappte, waren einige E-Mails immer noch nicht geschrieben (wie gut, dass sie noch die Heimfahrt hatte!). Sie schaute auf und überlegte sich, wie sie hinter Karls Tisch entlang zur Tür gelangen konnte, ohne dass er sie sah. Sie verließ das Gebäude und atmete die frische Luft ein. Ahhh! Wenn sie Glück hatte, schaffte sie es rechtzeitig nach Hause, um sich unterwegs noch etwas zu essen mitzunehmen (japanisch? italienisch? koreanisch?) und sich zur Entspannung im Onlineprogramm einige Episoden ihrer Lieblingsshow anzuschauen.

Lassen Sie uns einen kurzen Blick auf Caras Leben werfen. Ist sie so produktiv, wie es ihr selbst scheint?

Denken Sie eine Minute darüber nach.

Sie ist mit wichtigen Dingen beschäftigt – mit höchst wichtigen Dingen sogar. Sie nutzt ihre Zeit, um ihr Pensum abzuarbeiten. Über verschiedene elektronische Kanäle kommuniziert sie mit Kollegen und Geschäftspartnern. Sie ist gut vernetzt. Sie sorgt dafür, dass etwas geschieht.

Ist sie demnach produktiv?

Die Antwort auf diese Frage wurzelt in dem Prinzip des Urteilsvermögens – also in der Fähigkeit, gute Urteile zu fällen. Dieses Prinzip bildet den Kern des effektiven Entscheidungsmanagements und der Art und Weise, wie wir unser Gehirn einsetzen.

Wie gut setzen Sie Ihr Gehirn ein?

In einer Welt der Wissensarbeit, in der wir fürs Denken, Erschaffen und Erneuern bezahlt werden, ist das Gehirn ein grundlegendes Wertschöpfungsinstrument. Bevor wir fortfahren, sollten wir also versuchen, ein bisschen besser zu verstehen, wie unser Gehirn arbeitet.

Keine Angst, wir werden uns hier nicht in die Tiefen der fortgeschrittenen Psychologie und der Hirnchemie begeben. Wir wollen lediglich über zwei Grundbestandteile unseres Gehirns sprechen: das reaktive Gehirn und das denkende Gehirn.

Das reaktive Gehirn ist der untere Teil des Gehirns. Es ist die Quelle unseres Kampf-oder-Flucht-Impulses und zugleich der Ort, an dem unsere Gefühle und Emotionen verarbeitet werden. Wie wir sehen werden, verarbeitet das Gehirn hier auch Lust und Freude. Die meisten dieser Verarbeitungsvorgänge laufen automatisch ab, bevor wir die Zeit haben, darüber nachzudenken, wie uns geschieht. Im reaktiven Gehirn sind auch unsere tief verwurzelten Gewohnheiten gespeichert. Das sind die Denk- und Verhaltensweisen, die wir so häufig praktiziert haben, dass sie mittlerweile unbewusst und automatisch ablaufen – wenn wir beispielsweise Auto fahren und gleichzeitig über etwas anderes nachdenken.

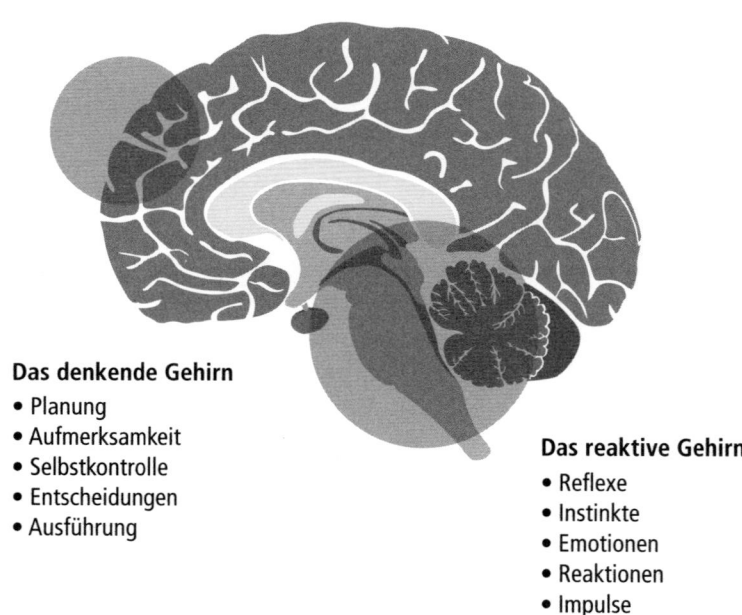

Das denkende Gehirn
- Planung
- Aufmerksamkeit
- Selbstkontrolle
- Entscheidungen
- Ausführung

Das reaktive Gehirn
- Reflexe
- Instinkte
- Emotionen
- Reaktionen
- Impulse

Wissenschaftler sagen, das reaktive Gehirn habe sich in prähistorischer Zeit herausgebildet; sein Zweck bestand (und besteht) darin, unsere Überlebenschancen zu erhöhen. Stellen Sie sich einen Höhlenmenschen vor, der im Wald unterwegs ist. Sein Überleben hing von der Fähigkeit ab, auf plötzliche Bedrohungen wie beispielsweise einen Säbelzahntiger rasch und ohne Nachdenken zu reagieren. Hätte er sich nicht schnell bewegt, hätte der Tiger sich über eine Mahlzeit gefreut.

Im oberen Teil unseres Gehirns, dem denkenden Gehirn, treffen wir bewusste und zielgerichtete Entscheidungen. Er wird häufig als die Exekutive bezeichnet, weil wir hier Impulse aus dem reaktiven Gehirn willentlich steuern und überschreiben können. Hier agieren wir mehr, als dass wir reagieren. Hier entscheiden wir bewusst, worauf wir unsere Aufmerksamkeit richten wollen.

Da die Antworten des reaktiven Gehirns fest vorgegeben sind, erfordern sie kaum Energie. Sie erfolgen rasch, und solange wir uns nicht bewusst für eine andere Vorgehensweise entscheiden, ist das primitive Gehirn tonangebend, indem es unsere Aufmerksamkeit von den höheren Gedanken zu unmittelbareren Reizen lenkt.

Ein Großteil der Werbung, die wir zu sehen bekommen, hat es auf das reaktive Gehirn abgesehen – überraschende Bewegungen, unerwartete Klänge, sexuelle Bildsprache und so weiter. Um die Worte eines Forschers zu zitieren: »Was daraus für die Vermarkter folgt, ist klar: Um Menschen rasch emotional anzusprechen, ohne dass sie Widerstände entwickeln, müssen wir uns auf die niedere physische und emotionale Verarbeitungsebene konzentrieren, wo die Autobahnen zum Unbewussten des Verbrauchers verlaufen.«[4] So gesehen sind wir lediglich Geldbörsen mit Neuronen daran, und das Ziel besteht darin, hinreichend viele unserer reaktiven Neuronen zu fassen zu kriegen, um an unser Geld zu kommen.

Das denkende Gehirn hingegen verlangt zwar mehr Zeit und Einsatz; dafür gestattet es uns, unsere primitiven Reaktionen zu überspielen, unser Verhalten zu steuern und uns für bessere Handlungsalternativen zu entscheiden. Dieser Teil des Gehirns liefert die Erklärung dafür, dass die Menschen einstmals die Höhle verließen und Zivilisation und Kultur schufen. Unsere Fähigkeit, auf äußere Reize bewusst und mit Bedacht zu antworten, macht uns als Menschen aus.

Die gute Nachricht aus der Neurowissenschaft lautet, dass wir mit etwas Übung unsere Gehirne neu verdrahten und die Fähigkeit entwickeln können, Entscheidungen bewusst und mit Bedacht zu treffen. Davon, wie wir diese Entscheidungen treffen, hängen Qualität, Freude und Glück unseres Lebens ab.

Zielgesteuert handeln

Und was hat das alles mit Cara zu tun?

Wie produktiv Cara ist, hängt davon ab, wie sie ihren Kopf einsetzt. Gelingt es ihr, inmitten all der Dinge, die auf ihr lasten und ihre Zeit, Aufmerksamkeit und Energie in Anspruch nehmen, dennoch überlegte und gute Entscheidungen zu treffen, sodass sie den Tag mit dem erfüllenden Gefühl beendet, etwas geleistet zu haben?

Dasselbe Prinzip gilt für uns alle. Um wirklich produktiv zu sein, müssen wir es uns zur Gewohnheit machen, bei allem, was wir tun, bewusst und zielgesteuert vorzugehen. In der heutigen Welt reicht es nicht, den Autopiloten des »Vielbeschäftigtseins« einzuschalten und zu erwarten, dass er uns dahin führt, wo wir hinwollen.

Um wirklich produktiv zu sein und wertschöpfende Entscheidungen zu treffen, sind ein Bezugssystem und ein Handlungsschema wichtige Helfer. FranklinCoveys Zeit-Matrix™ liefert das Bezugssystem und Innehalten – Klären – Entscheiden (IKE) das Handlungsschema.

Die Zeit-Matrix™

FranklinCoveys Zeit-Matrix™ ist ein äußerst belastbares Bezugssystem, das uns hilft, sinnvoll mit unserer Zeit umzugehen; es repräsentiert eine ganz eigene Denkweise. Die Zeit-Matrix™ erlaubt es uns, frei von äußeren Einflüssen zu entscheiden, wie wir unsere Zeit, Aufmerksamkeit und Energie einsetzen wollen.

Die Zeit-Matrix™ schafft Beziehungen zwischen Dingen, die dringend sind, und Dingen, die wichtig sind. Wir definieren diese beiden Begriffe wie folgt.

- **Dringend:** etwas, das sich anfühlt, als dulde es keinen Aufschub, unabhängig davon, ob es sich auf Ergebnisse niederschlägt.
- **Wichtig:** etwas, das, wenn wir es unterlassen, schwerwiegende Konsequenzen für die Ergebnisse hätte.

Die Zeit-Matrix™ verdeutlicht, wie die Menschen ihre Zeit, Aufmerksamkeit und Energie in einem von vier Quadranten einsetzen, je nachdem, wie dringend und wichtig das ist, was sie gerade tun.

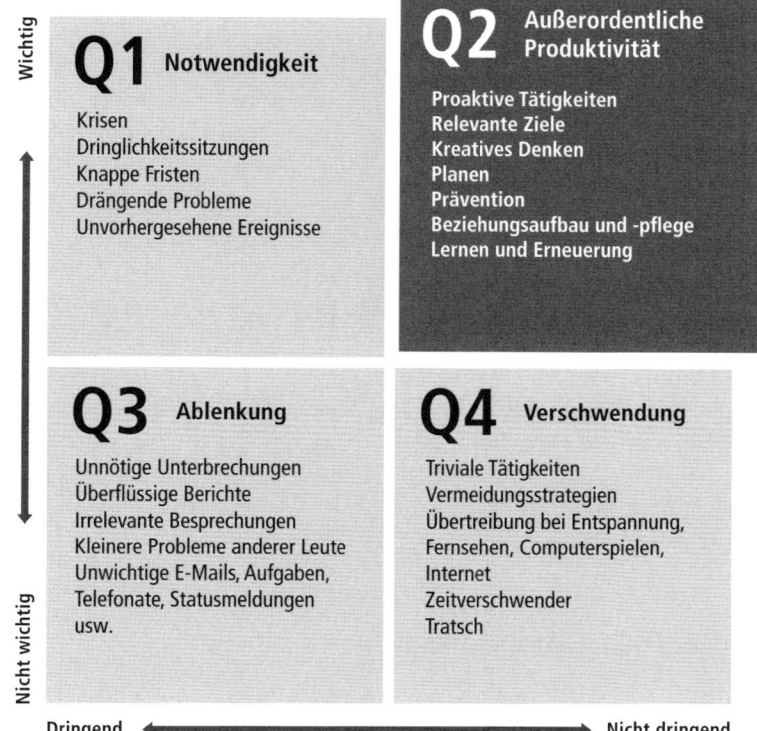

Wichtig

Q1 Notwendigkeit

Krisen
Dringlichkeitssitzungen
Knappe Fristen
Drängende Probleme
Unvorhergesehene Ereignisse

Q2 Außerordentliche Produktivität

Proaktive Tätigkeiten
Relevante Ziele
Kreatives Denken
Planen
Prävention
Beziehungsaufbau und -pflege
Lernen und Erneuerung

Q3 Ablenkung

Unnötige Unterbrechungen
Überflüssige Berichte
Irrelevante Besprechungen
Kleinere Probleme anderer Leute
Unwichtige E-Mails, Aufgaben,
Telefonate, Statusmeldungen
usw.

Q4 Verschwendung

Triviale Tätigkeiten
Vermeidungsstrategien
Übertreibung bei Entspannung,
Fernsehen, Computerspielen,
Internet
Zeitverschwender
Tratsch

Nicht wichtig

Dringend ⟵————————⟶ Nicht dringend

Q1 ist der Quadrant der Notwendigkeit

Der 1. Quadrant (Q1) enthält die Dinge, die dringend und wichtig sind. Hier finden wir Krisen (beispielsweise einen Krankenhausbesuch), Dringlichkeitssitzungen, eilige Terminarbeiten, drängende Probleme und unvorhergesehene Ereignisse. Das sind die Dinge, die, wenn wir sie nicht gleich erledigen, schwerwiegende Konsequenzen haben könnten. Deshalb sprechen wir hier vom Quadranten der Notwendigkeit. Diese Dinge kommen von allein auf Sie zu – ein erboster Kunde ist am Telefon, ein Familienangehöriger erleidet einen Herzinfarkt, der Server hängt sich auf, Ihr Vorgesetzter benötigt etwas jetzt sofort, oder es bietet sich eine große Chance, auf die Sie sofort reagieren müssen, um sie sich nicht entgehen zu lassen.

Wenn Sie viel Zeit im 1. Quadranten verbringen, fühlen Sie sich möglicherweise produktiv und energiegeladen, aber wenn Sie zu viel Zeit dort verbringen, laufen Sie Gefahr, ein Burn-out zu erleiden. Solange Sie in einem fort Krisen bewältigen und drängende Probleme lösen, stehen Sie unter Dauerstress, mit der Folge, dass Ihnen kaum noch Energie bleibt, um einen klaren Gedanken zu fassen oder kreative Ideen zu entwickeln. Auch wenn sich ein Aufenthalt im 1. Quadranten häufig nicht vermeiden lässt, sind wir dort doch selten in Bestform, selbst wenn es sich mitunter für uns so anfühlt.

Anlagetechnisch gesprochen bekommen wir im Schnitt das wieder heraus, was wir eingezahlt haben. Aufmerksamkeit und Energie erreichen bildlich gesprochen ihren Break-even – Gewinne und Verluste halten sich in diesem Quadranten die Waage. Vielleicht bekommen wir für unser vermeintlich heldenhaftes Agieren kurzfristig sogar etwas mehr Aufmerksamkeit, aber langfristig lässt sich darauf kein nachhaltiger Erfolg gründen.

Q3 ist der Quadrant der Ablenkung

Der 3. Quadrant (Q3) enthält Aktivitäten, die dringend, aber nicht wichtig sind. Weil die Dinge hier dringend sind, haben wir das Gefühl, wir müssten uns ihrer sofort annehmen; in Wahrheit jedoch hätte es keine schwerwiegenden Konsequenzen, wenn wir sie nicht weiter beachten würden. In diesem Quadranten finden wir unnötige Unterbrechungen, überflüssige Berichte, irrelevante Sitzungen, die kleinen Probleme anderer Leute, unwichtige E-Mails, Aufgaben, Telefonanrufe, Statusmeldungen und so weiter.

Viele Menschen verbringen viel Zeit in diesem Quadranten und wähnen sich dabei im 1. Quadranten. Dabei reagieren Sie nur auf alles, was Ihnen im Lauf eines Tages so begegnet. Sie verwechseln Umtriebigkeit mit Weiterkommen und Beschäftigung mit Errungenschaft.

Wenn wir viel Zeit in diesem Quadranten verbringen, sind wir möglicherweise viel beschäftigt – das wird uns jedoch nicht erfüllen. Ein voller Kalender und eine lange To-do-Liste ergeben noch kein erfülltes Leben. Geschäftigkeit kann oberflächlich Bestätigung vermitteln, aber das ist auch schon alles. Der 3. Quadrant beansprucht die Aufmerksamkeit und Energie, die wir andernfalls für Dinge nutzen könnten, die wirklich wichtig sind und die sich nachhaltig auf unseren Beruf und unser Privatleben auswirken würden.

Von der Zeit und Energie, die wir hier investieren, bekommen wir am Ende weniger zurück, als wir eingezahlt haben. Unsere Investitionsrendite fällt negativ aus.

Q4 ist der Quadrant der Verschwendung

Der 4. Quadrant umfasst die Dinge, die weder dringend noch wichtig sind. Wir bezeichnen ihn deshalb als Quadranten der Verschwendung. Eigentlich sollten wir uns hier überhaupt nicht aufhalten, aber manchmal sind wir von den Kämpfen im 1. und 3. Quadranten so erschöpft, dass wir hierherflüchten. Hier lassen wir unser Gehirn in die unbewusste Sphäre driften und schlagen unsere Zeit mit exzessiver Entspannung, Fernsehen, Computerspielen, Internetsurfen, Tratsch und anderen Zeitverschwendern tot.

Im 4. Quadranten geht so einiges über das Normalmaß hinaus. Entspannung beispielsweise ist, solange sie angemessen und wohltuend praktiziert wird, eine wichtige Aktivität, die in den 2. Quadranten gehört. (Über diesen werden wir gleich ausführlicher sprechen.) Aber wenn wir am Wochenende plötzlich feststellen, dass wir, noch immer im Pyjama und mit der Fernbedienung in der Hand, seit zehn Stunden nichts anderes tun, als uns Wiederholungen einer Reality Show anzuschauen, die uns in Wahrheit nicht interessiert, dann wissen wir, dass wir die Sphäre der produktiven Entspannung längst verlassen und uns in die Untiefen des 4. Quadranten haben sinken lassen.

Wenn wir viel Zeit im 4. Quadranten verbringen, fühlen wir uns lethargisch und antriebslos. Wenn wir dort zu lange verweilen, kann daraus Niedergeschlagenheit oder sogar Verzweiflung werden. Möglicherweise fühlen wir uns schuldig, weil wir unsere Zeit nicht in wichtigere Dinge investieren, aber wir sind zu antriebsarm, um diesen Gedanken Taten folgen zu lassen. Während uns einige der Aktivitäten vorübergehend Spaß bereiten, sind sie in Wahrheit nichts als leere Kalorien. Sie geben unserem Leben, unseren Beziehungen und unserem Selbstwertgefühl keinerlei Nahrung.

Die Zeit und Energie, die wir hier investieren, erzeugt eine Nullrendite.

Q2 ist der Quadrant der außergewöhnlichen Produktivität

Die Aktivitäten des 2. Quadranten (Q2) sind wichtig, aber nicht dringend. Es ist der Quadrant der außergewöhnlichen Produktivität, weil wir hier unser Leben in die Hand nehmen und Dinge tun, die sich nachhaltig auf unser Gefühl, etwas geleistet zu haben, und auf unsere Ergebnisse auswirken. Im 2. Quadranten finden wir beispielsweise proaktive Arbeit, Verwirklichung relevanter Ziele, kreatives Denken, Planung, Prävention, Beziehungsaufbau, Lernen und Erneuerung. Im Unterschied zu den übrigen Quadranten, in denen die Dinge von sich aus auf uns zukommen, müssen wir uns für den Aufenthalt im 2. Quadranten bewusst entscheiden. Wir müssen mithilfe des denkenden Teils unseres Gehirns die Dinge ausfindig machen, die für uns den meisten Wert bereithalten, und danach handeln.

Nun haben wir aber auch Menschen sagen hören: »Der 2. Quadrant ist ein netter, idealistischer Ort, aber meine Realität sieht anders aus. Für die Dinge aus dem 2. Quadranten fehlt mir schlicht die Zeit.«

Wirklich?

Die Realität sieht in Wahrheit so aus: Wenn Sie Großartiges leisten und das Gefühl haben wollen, täglich Ihr Bestes zu geben, haben Sie nicht die Zeit, sich in einem anderen als dem 2. Quadranten aufzuhalten. Das lässt sich sicherlich nicht immer so leicht bewerkstelligen. Es erfordert Energie und sorgfältige Entscheidungen, und vermutlich müssen Sie sich dazu von so mancher lieb gewonnenen Gewohnheit und von so manchem Ritual trennen. Umso größer ist die Rendite, die Ihnen winkt.

Mit der Zeit, die Sie im 2. Quadranten verbringen, reduzieren Sie die Zahl der Krisen und Probleme im 1. Quadranten, weil Sie jetzt aus freien Stücken Zeit in die Planung, Vorbereitung und Prävention investieren. Sie entwickeln gesündere Beziehungen, weil Sie sie pflegen, bevor sie verkümmern oder einen Krisenpunkt erreichen. Sie werden im Beruf zuversichtlicher und effektiver sein, weil Sie wichtige Projekte nicht bis zum letzten Augenblick vor sich herschieben. Sie haben weniger Stress, weil Sie Ihre Aufenthalte in den Quadranten 1, 3 und 4 bewusst reduzieren. Sie können länger am Stück produktiv sein, weil Sie sich mehr um Ihre Gesundheit und Ihren Energiehaushalt kümmern. Vor allem aber wissen Sie, dass Sie täglich Fortschritte in Bereichen machen, die sich positiv und wertschöpfend auf Ihre Arbeit und Ihr Leben auswirken. Die überlegtesten, kreativsten und proaktivsten Tätigkeiten mit den größten Auswirkungen spielen sich im 2. Quadranten ab.

Fazit: Die Zeit und Energie, die Sie im 2. Quadranten investieren, wirft eine Rendite ab, die Ihren Einsatz bei Weitem übersteigt. Deshalb ist es der Quadrant der außergewöhnlichen Produktivität.

Wie sieht Ihre Augenblicksrendite (ABR) aus?

In der Einführung erwähnten wir eine Studie, für die sechs Jahre lang Menschen danach befragt wurden, was sie mit ihrer Zeit machen. Im Folgenden sehen Sie die Aufschlüsselung der gewonnenen Daten nach den vier Quadranten.

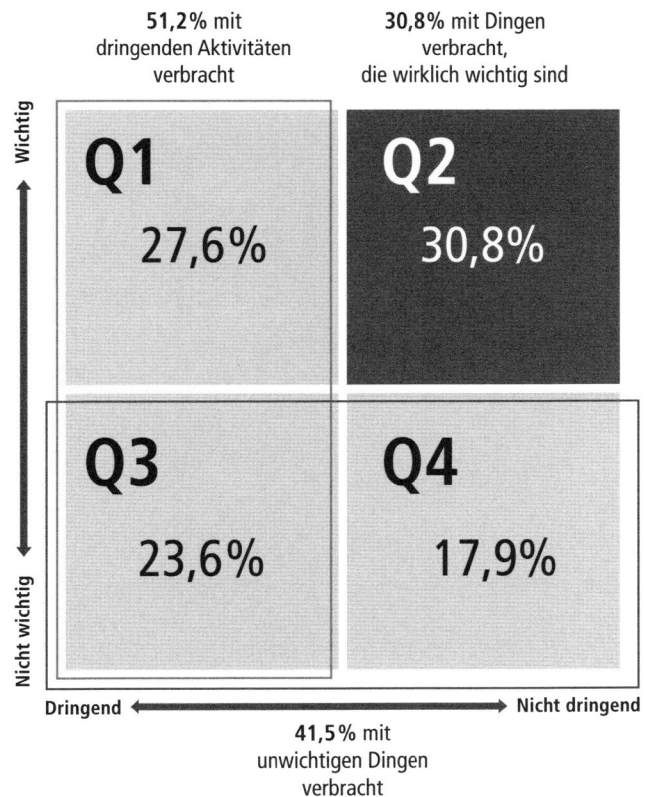

Wenn diese Matrix beschreiben würde, wie Sie Ihre Zeit und Ihre Energie anlegen, in welchen Quadranten würden Sie dann am ehesten investieren? Können Sie die Zeit, die Sie im 2. Quadranten verbringen, steigern – und sei es auch nur um ein paar Prozentpunkte?

Rechnen Sie nach. Bleiben Sie bei der Vorstellung eines Anlageportfolios und fragen Sie sich: »Welche Rendite wirft dieser Augenblick ab?«

- Q1 = Break-even
- Q3 = negative Rendite
- Q4 = Totalverlust
- Q2 = hohe Rendite

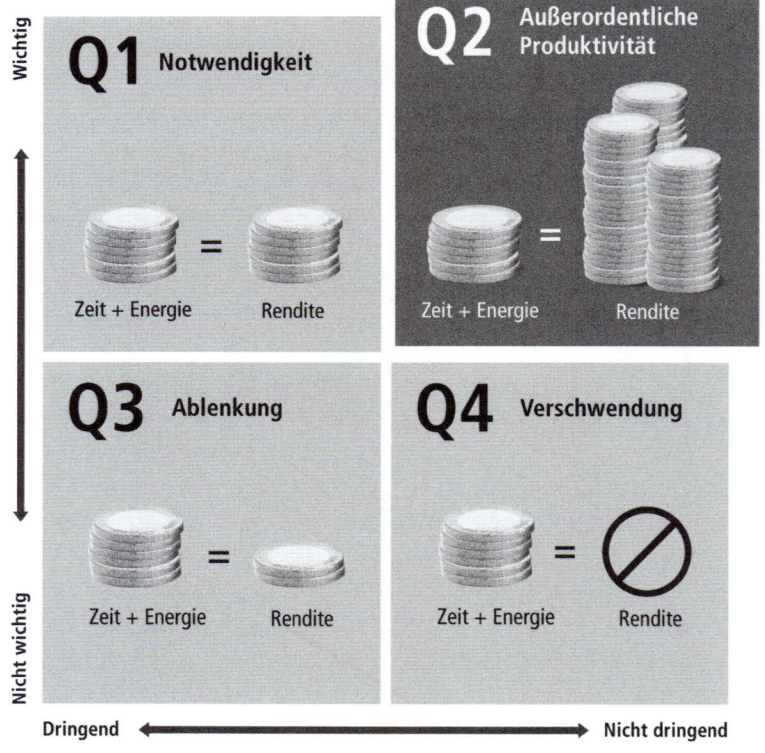

Der Schlüssel zur Produktivitätssteigerung besteht darin, dass wir anhand der Zeit-Matrix™ unser Leben einer Bestandsaufnahme unterziehen – und uns im nächsten Schritt bewusst entscheiden, in unserem Anlageportfolio Umschichtungen vorzunehmen und unsere Zeit, Aufmerksamkeit und Energie anders und besser zu investieren. Was kommt dabei für uns heraus?

Lassen Sie uns auf Cara zurückkommen. Wenn sie mit ihrer Arbeit beschäftigt ist und einen Anruf erhält, dass ihr Bruder einen schweren Autounfall hatte und dass sie bitte unverzüglich ins Krankenhaus kommen möge, wäre das etwas Dringendes und Wichtiges. Es muss sofort erfolgen, und würde sie es unterlassen, hätte das vermutlich schwerwiegende Konsequenzen. Für Cara ist der Besuch im Krankenhaus eine Q1-Aktivität. Sie lässt alles andere stehen und liegen und eilt ihrem Bruder zu Hilfe.

Wenn Cara hingegen mit ihrer Arbeit beschäftigt ist, und ihr Computer gibt einen Ton von sich, weil jemand eine Witz-Mail gesendet hat, mag das dringend erscheinen (weil Cara vielleicht das Gefühl hat, sie solle darauf antworten), aber in Wahrheit ist es unwichtig (nichts Schlimmes wird passieren, wenn sie die Mail ignoriert) und somit eine Q3-Aktivität. Weil Cara Sinn für Witze hat, könnte es ihr, wenn sie nicht aufpasst, leicht passieren, dass sie sich von der E-Mail ablenken lässt. Würde sie die Situation jedoch durch die Brille der Zeit-Matrix™ betrachten, wäre ihr bewusst, dass das Projekt, an dem sie gerade arbeitet, sehr viel wichtiger ist, und sie würde im 2. Quadranten bleiben und sich weiter auf ihr Projekt konzentrieren.

Die durch die Zeit-Matrix™ geschaffene Möglichkeit, bewusste Entscheidungen dieser Art zu treffen, zieht große Veränderungen im Tagesablauf nach sich, mit dem Erfolg, dass unser Einsatz an Zeit, Aufmerksamkeit und Energie eine sehr viel größere Augenblicksrendite abwirft.

Blick in den Spiegel

Sie werden sich jetzt vielleicht sagen: »Das ist ja alles schön und gut, aber der Adressat ist ja wohl in erster Linie mein Vorgesetzter! Könnte ich entscheiden, würde ich mich ständig im 2. Quadranten aufhalten, aber einen Großteil meiner Arbeit kann ich nun mal nicht selbst bestimmen. Wenn ich meinem Chef und anderen nicht sofort antworte, werde ich gefeuert! Und in welchem Quadranten wäre ich dann?

Meine Arbeit wird von Dringlichkeiten bestimmt, und daran kann ich nichts ändern.«

Manchmal fühlt es sich so an, als sei unsere Arbeit von Dringlichkeiten bestimmt und als könnten wir daran nichts ändern. Sicher, unser Vorgesetzter und unser Arbeitsumfeld haben einen großen Einfluss darauf, wie wir unsere Zeit nutzen. Aber wenn wir schon über die Realität sprechen, dann richtig. Vermutlich tun Sie selbst eine Menge Dinge (die mit anderen nichts zu tun haben), die Sie in die Quadranten 3, 1 oder gar 4 versetzen. Unsere Erhebungen und Erfahrungen haben ergeben, dass selbst unter sehr rigiden Jobbeschreibungen in dringlichkeitsbestimmten Berufen wie beispielsweise in der Notaufnahme eines Krankenhauses oder in einem Kundendienstzentrum dem Einzelnen genug Entscheidungsspielraum bleibt, um einen Teil der eigenen Zeit, Aufmerksamkeit und Energie in Richtung Q2-Aktivitäten zu lenken.

Fazit: Möglicherweise haben Sie keine Chance, Ihren Vorgesetzten zu ändern, aber Sie können sich selbst ändern. Und nachdem Sie Ihr eigenes Leben geregelt haben, besteht sogar die Chance, dass Sie auch Ihren Vorgesetzten beeinflussen. Wenn nicht, profitieren Sie immer noch von der Zeit, die Sie in Eigenregie im 2. Quadranten verbringen.

Wir wollen uns einige der Dinge anschauen, die wir vorschieben, um uns nicht mit Q2-Aktivitäten abgeben zu müssen. Dazu müssen wir noch einmal über unser Gehirn sprechen.

Die Dringlichkeitssucht

Die beiden Grundbestandteile unseres Gehirns kennen Sie ja bereits: das denkende Gehirn und das reaktive Gehirn. Im reaktiven Gehirn verarbeiten wir Kampf- und Fluchtimpuls sowie Lustgefühle. Und diese Verarbeitung von Lustgefühlen in unserem Gehirn liefert die zentrale Erklärung dafür, warum wir uns von dringenden Dingen angezogen fühlen, bis zu dem Punkt, an dem wir eine regelrechte Dringlichkeitssucht entwickeln.

Die meisten Süchte machen sich denselben Neurotransmitter in unserem Gehirn zunutze: Dopamin.[5] Kokain beispielsweise verhindert den Abbau von Dopamin im Gehirn, sodass die Chemikalie länger verweilt und eine unnatürliche Hochstimmung erzeugt, die das Gehirn von Natur aus nicht erzeugen oder steuern kann.

Unter normalen Umständen ist Dopamin ein toller Stoff, der uns hilft, die natürlichen Freuden des Lebens zu genießen.[6] Er gibt uns die Kraft, aufzustehen und unser Tagwerk zu beginnen, und er hilft uns, uns auf Dinge zu konzentrieren, die für uns wichtig sind. Der Dopaminpegel in unserem Gehirn steigt, wenn wir großartige Arbeit leisten, wenn wir Dinge tun, die wichtig sind, und wenn wir in unserem Leben Fortschritte machen. Weil aber Dopamin an der Erzeugung von Lustzuständen beteiligt ist, die unserem Gehirn gefallen, tun wir mitunter bestimmte Dinge nur deshalb, weil sie Dopamin erzeugen, unabhängig davon, ob sie tatsächlich hilfreich oder produktiv sind.[7]

So könnten wir beispielsweise eine Aufgabe mit einer Art falscher Dringlichkeit versehen, um sie dann eiligst zu erledigen. Das verschafft uns das Gefühl, etwas geleistet zu haben – ohne dass wir uns jedoch nur einmal fragen, ob diese Aufgabe überhaupt die Beschäftigung wert war. Haben Sie schon einmal etwas notiert, was Sie bereits erledigt hatten, nur um es sofort abhaken zu können? (Seien Sie ehrlich! Sie sehnen sich nach eben diesem Dopaminkick!)

Die Dringlichkeitssucht lebt davon, dass wir das Gefühl lieben, etwas erledigen und anschließend von der Liste streichen zu können. Unbewusst beginnen wir also, nach Dingen Ausschau zu halten, die sich dafür anbieten, selbst wenn sie völlig irrelevant sind. Das kann so weit gehen, dass wir ganz nervös werden, wenn wir gerade einmal nicht beschäftigt sind und nichts zu erledigen haben. Manche Menschen entwickeln eine solche Sehnsucht danach, ununterbrochen beschäftigt zu sein, dass es ihnen schwerfällt, längere Zeit innezuhalten und über irgendetwas nachzudenken.

Das ist ein sicheres Rezept, um im 3. Quadranten zu landen, wo wir unsere Zeit damit verbringen, uns Dopaminkicks zu verschaffen, indem wir uns mit Dingen beschäftigen, die in Wahrheit keinerlei Wert haben. In unserem heutigen Wissensarbeitsumfeld, in dem sich alles um wertschöpfende Entscheidungen dreht, ist der 3. Quadrant ganz sicher nicht der Ort, an dem wir uns aufhalten sollten. Wie alle Süchte fühlt sich die Dringlichkeit möglicherweise im Augenblick gut an, aber wenn wir einen Schritt zurücktreten und uns bewusst machen, was wir tun, fühlen wir uns schlechter. Manchmal weichen wir dieser Erkenntnis aus, indem wir dafür sorgen, dass unsere Beschäftigung niemals abreißt. So brauchen wir uns nicht zu fragen, ob das, was wir tun, überhaupt sinnvoll ist. In diesem Fall nehmen wir einfach nicht zur Kenntnis, wie wir unsere Zeit, Aufmerksamkeit und Energie einsetzen.

Die bekannte Autorin Brené Brown schreibt dazu: »In unserer Kultur haben die Menschen Gefallen an der Vorstellung gefunden, dass es genügt, sich ununterbrochen zu beschäftigen, um sich nicht mit der Wahrheit ihres Lebens auseinandersetzen zu müssen.«[8] Amen!

Eine Kultur des Vielbeschäftigtseins

Darüber hinaus ist das Vielbeschäftigsein heute zu so etwas wie der Währung unseres persönlichen Wertes geworden. Wenn Sie in Ihrem beruflichen Umfeld jemanden fragen, wie es ihm geht, werden Sie in den meisten Fälle so etwas zu hören bekommen: »Ich habe alle Hände voll zu tun. Und selbst?« Dann antworten Sie etwas in der Art: »O ja, auch bei mir stapelt sich die Arbeit.« Und dann nicken Sie einvernehmlich mit dem Kopf, nachdem sie sich gemäß den gesellschaftlich akzeptierten Normen gegenseitig ihren Wert als Berufstätiger und als Mensch versichert haben.

Wenn Sie viel zu tun haben, so die Überlegung dahinter, dann bedeutet das, dass jemand das braucht, was Sie zu bieten haben, was wiederum beweist, wie wertvoll Sie sind. Je mehr Sie zu tun haben, desto mehr wird nach Ihnen verlangt. Das ist die Grundmaxime des 21. Jahrhunderts: »Ich bin gestresst, also bin ich.« Jemand fragte uns einmal: »Wenn ich nicht beschäftigt bin, was bin ich dann?« Eine wahrhaft wichtige Frage!

Wenn wir in unseren Unternehmen so miteinander umgehen, schaffen wir damit eine Kultur, die von Umtriebigkeit und Dringlichkeit statt von Errungenschaft und Produktivität geprägt ist. Wir sind mit der Vorstellung aufgewachsen, dass alles immer jetzt sofort erledigt werden muss, und das stimmt einfach nicht.

Ist es schlecht, viel beschäftigt zu sein?

Wir sagen nicht, dass es schlecht ist. Auch der 2. Quadrant kann viel Beschäftigung mit sich bringen, denn er enthält viele aufregende, bedeutsame und wertschöpfende Projekte. Mit großartigen Dingen beschäftigt zu sein, ist nicht das Problem. Es ist sogar eine der Freuden eines bedeutsamen Lebens. Das Problem beginnt dort, wo das Beschäftigtsein selbst anstelle der Errungenschaft zum Ziel wird.

Die natürliche Funktion der Lustzentren in unserem Gehirn besteht darin, uns für nützliche und produktive Anstrengungen zu belohnen. So erklärt sich überhaupt ihre Existenz. Sie funktionieren jedoch nur dann richtig, wenn sie vom denkenden Gehirn gesteuert werden. Erst das denkende Gehirn erlaubt uns zu unterscheiden, wofür es sich lohnt, Aufmerksamkeit und Energie zu investieren, und wofür nicht. Solange wir unser denkendes Gehirn nicht nutzen, um kluge Entscheidungen zu treffen, kann uns unser reaktives Gehirn schnell an Orte führen, die keinen Wert erzeugen und uns möglicherweise sogar schaden.

Solange wir unserem reaktiven Gehirn den Vorrang geben, tun wir Dinge, die uns weg von der Produktivität des 2. Quadranten mit seiner hohen Augenblicksrendite und hin zu den Produktivitätsvernichtern der Quadranten 1, 3 und 4 führen.

Was führt Sie zu Q1 und Q3?

Die Folgen liegen auf der Hand: Solange wir dringlichkeitssüchtig sind, gleiten wir leicht in die Quadranten 1 und 3 ab, ohne dass uns bewusst ist, was wir uns da antun. Häufig macht sich das so bemerkbar:

- **Wir sagen: »Ich kann am besten unter Druck arbeiten!«** Übersetzt bedeutet das, dass wir die aufputschende Wirkung der Dringlichkeit brauchen, um uns zu konzentrieren, weil wir dazu allein nicht in der Lage sind. (*Adrenalin* ist ein weiterer jener Neurotransmitter, die uns helfen, Aufmerksamkeit und Energie zu erzeugen.) Weil uns diese Art des Denkens abhängig vom äußeren Druck macht, der allein die fehlende innere Motivation ersetzen kann, neigen wir dazu, die Krise samt Termindruck künstlich herbeizuführen, damit wir anschließend gezwungen sind, mithilfe des chemischen Kicks loszulegen.

  Das Problem bei dieser Methode ist, dass wir in Wirklichkeit unter Druck nur selten Bestleistung zeigen. Vielleicht strengen wir uns mächtig an und bewältigen am Ende auch unser Pensum, aber wenn es zeitlich eng wird, sind wir nur selten zu jener Art von

Qualitätsdenken fähig, ohne die wir keine überragenden Ergebnisse liefern können. Alternativ dazu können wir lernen, bewusst und von innen heraus eine natürliche Aufmerksamkeit zu erzeugen, solange noch genügend Zeit ist, um damit überragende Ergebnisse zu erzielen.

Denken Sie darüber nach. Sagen auch Sie häufiger, dass Sie unter Druck am besten arbeiten? Warum sagen Sie das? Was folgt daraus für Ihr Leben und die Qualität Ihrer Ergebnisse?

- **Wir schieben Dinge auf die lange Bank.** Das Aufschieben wichtiger Dinge ist ein weiteres beliebtes Mittel, das uns Zeit im 2. Quadranten raubt. Manchmal verschieben wir Dinge, weil es uns selbst nicht gelingt, die nötige innere Motivation aufzubringen, und wir deshalb auf den Termindruck spekulieren. Ein andermal fürchten wir zu versagen, oder wir sind uns nicht sicher, was wir tun müssen. Folglich warten wir, bis die größere Furcht vor der Fristüberschreitung oder andere drohende Konsequenzen uns zwingen, aktiv zu werden. Manchmal verschieben wir wichtige Dinge (wie die Sorge um unsere Gesundheit und Sport) jahre- oder jahrzehntelang, bis eine echte Krise uns zwingt, unseren Ansatz zu überdenken.

Wann zahlen Sie Ihre Steuern? Vielleicht haben Sie die besten Absichten und planen, Ihre Erklärung termingerecht einzureichen. Das ist etwas Wichtiges, das nicht dringend ist – ein perfekter Kandidat für eine Q2-Aktivität. US-amerikanische Statistiken belegen jedoch, dass fast die Hälfte aller Steuerzahler (41 Prozent) damit bis vier Wochen vor Ablauf der Abgabefrist wartet. Ein Viertel (27 Prozent) gibt die Erklärung innerhalb der letzten zwei Wochen ab, darunter viele, die bis zum letzten Augenblick warten, um am Stichtag bis Mitternacht vor den Postämtern Schlange zu stehen.

Indem Sie sich für das Aufschieben entscheiden, erreichen Sie nur, dass sich eine perfekte Q2-Aktivität am Ende zu einer echten Q1-Krise auswächst. Sie sind selbst verantwortlich, wenn der 1. Quadrant größer als notwendig wird und Ihnen unnötigen Stress und schlaflose Nächte bereitet.

Denken Sie darüber nach. Gibt es wichtige Dinge, die Sie regelmäßig bis zur letzten Minute aufschieben? Ist das eine bewusste Entscheidung oder ist es schlicht unbewusste Vermeidungstaktik? Wie wirkt sich das auf die Qualität Ihrer Ergebnisse aus? Wenn es Ihnen gelingt, Ihre Gehirnsynapsen so zu verändern, dass Sie bereits aktiv werden, solange sich die Dinge noch im 2. Quadranten befinden, können Sie höherwertige Ergebnisse erzielen und die Größe und Tragweite einiger sehr stressbeladener Q1-Aktivitäten verringern.

- **Wir werden zum Wohltäter.** In unserem Bedürfnis, anderen behilflich zu sein, lassen wir mitunter zu, dass daraus ein Abhängigkeitsverhältnis wird. Andere kommen dann ständig mit Dingen und Aufgaben zu uns, die nicht in unseren, sondern in deren eigenen Bereich fallen, und bringen uns damit geradewegs in den 3. Quadranten.

Stellen Sie sich folgende Bürosituation vor: Auf dem gemeinsamen Laufwerk im internen Firmennetz wurde eine neue Richtlinie abgelegt. Robert benötigt diese Richtlinie, weiß aber nicht, wo er nach ihr suchen muss. Er weiß jedoch, dass Stefan immer gut informiert ist, und geht deshalb zu ihm, um ihn danach zu fragen. Stefan sagt:»Die Richtlinie befindet sich auf dem gemeinsamen Laufwerk.« Aber weil es so einfach ist, ergänzt er:»Hier, ich schicke sie dir per Mail.« Robert sagt: »Toll! Danke«, und macht sich auf den Weg zurück in sein Büro. Unterwegs begegnet er Jeanette, die ihn fragt, ob er wisse, wo es die neue Richtlinie gibt. Und Robert sagt:»Klar! Sie liegt auf dem gemeinsamen Laufwerk, aber viel einfacher ist es, wenn du Stefan fragst, damit er sie dir per Mail schickt.« Und schon bald ist Stefan zur Anlaufstelle für alle Kollegen geworden, die mal eben etwas vom gemeinsamen Laufwerk benötigen.

Eine Zeit lang gefällt Stefan diese Rolle vielleicht. Sie vermittelt ihm das Gefühl, nützlich zu sein und geschätzt zu werden (Dopamin!). Doch es kostet ihn immer mehr Zeit, Dinge für andere zu erledigen, die eigentlich in deren eigenen Aufgabenbereich fallen – Zeit, die ihm fehlt, um seinen eigenen Job so auszuführen, dass dabei zufriedenstellende Ergebnisse herauskommen.

Damit wollen wir nicht sagen, dass Sie anderen Ihre Hilfe verweigern oder dass Sie kein Teamplayer sein sollten. Machen Sie sich jedoch bewusst, dass Sie mit der Attitüde des Wohltäters Abhängigkeiten schaffen. Viel besser wäre es gewesen, wenn Stefan gesagt hätte:»Sie ist auf dem gemeinsamen Laufwerk, im Ordner ›Richtlinien und Verfahren‹«, und es damit hätte bewenden lassen. Wenn Robert nicht allein zurechtgekommen wäre, hätte Stefan sagen können:»Ich will es dir zeigen, damit du es beim nächsten Mal weißt.« Auf diese Weise hätte Stefan die Zuständigkeit dort belassen, wo sie hingehört, und sich den 3. Quadranten erspart.

Denken Sie darüber nach. Gibt es Situationen, in denen Sie anderen Personen Gefälligkeiten erweisen, für die es eigentlich keinen Grund gibt? Warum tun Sie das? Fällt Ihnen eine Möglichkeit ein, wie Sie den Betreffenden professionell und freundlich nahelegen können, sich um ihre Angelegenheiten selbst zu kümmern? Welche Ihrer Q2-Aktivitäten machen sich, während Sie anderen behilflich sind, auf den Weg in Richtung des 1. Quadranten?

Wenn wir uns scheuen, Nein zu sagen

Manchmal landen wir im 3. oder 1. Quadranten, weil wir uns damit schwertun, anderen gegenüber Nein zu sagen, selbst wenn wir allen Grund dazu hätten. Das kann von der Sorge herrühren, schwach oder unfähig zu erscheinen, oder von dem Bedürfnis, es anderen recht zu machen. Es könnte die Sorge vor Isolation sein oder der Wunsch, einen Konflikt zu vermeiden. Oder es mangelt uns schlicht an der mentalen Energie, uns der Diskussion zu stellen, die sich daraus ergeben könnte. Was auch immer der Grund ist – diese Emotionen und Gefühle entstammen dem reaktiven Gehirn.

Vielleicht kennen auch Sie Menschen, die derart konfliktscheu sind, dass sie zu fast allem Ja sagen. Das kann sowohl die vielen kleinen Ablenkungen betreffen als auch die großen Projekte, die sie besser niemals angenommen hätten. Menschen, die allzu sehr darauf erpicht sind, es anderen recht zu machen und Konflikte zu vermeiden, tendieren häufig dazu, sich eine allzu optimistische Vorstellung von ihren Fähigkeiten und Kapazitäten zu machen. Genau das führt dann allerdings oft am Ende zu noch größeren Enttäuschungen und Konflikten.

Befinden sich diese Personen noch dazu in Leitungspositionen, können sie ein ganzes Team in fehlkonzipierte Q3-Projekte stürzen, die alle Beteiligten in Zeitnot bringen, ohne nennenswerte Ergebnisse zu liefern.

Sie können es sich leichter machen, Nein zu sagen, ohne dass Sie deswegen gefeuert werden oder auf irgendeiner Abschussliste landen. Dazu müssen Sie zuerst in Ihrem eigenen Haus Ordnung schaffen. Halten Sie Ihren Kalender immer griffbereit, damit Sie sich bei Ihren Entscheidungen, wo Sie Zeit und Energie investieren wollen, stets daran orientieren können. Wenn Sie dann feststellen, dass Sie Nein sagen müssen, könnten Sie es mit Formulierungen wie diesen versuchen:

- *»Ich bin gerade an etwas wirklich Wichtigem dran, habe aber in ungefähr zwei Stunden Zeit. Bist du dann verfügbar, oder finden wir vielleicht einen anderen Termin?«*
- *»Du weißt, dass ich dir immer gern helfe, aber heute ist mein Ausgehabend mit meiner Partnerin / meinem Partner, das habe ich fest zugesagt; lass uns überlegen, welche anderen Möglichkeiten es gibt, diesen Job zu erledigen.«*
- *»Ich denke, dass meine Anwesenheit in dieser Sitzung nicht unbedingt erforderlich ist. Hältst du es für denkbar, mich von der Liste zu streichen?«*
- *»Können wir kurz über E-Mails und Textnachrichten sprechen? Ich möchte wissen, welche Erwartungen damit verbunden sind, wenn ich am späten Abend E-Mails oder Textnachrichten erhalte. Ich versichere, dass ich sie morgens immer als Erstes bearbeite. Okay?«*
- *»Ich weiß natürlich, dass ich bei diesen Projekten früher mitgeholfen habe, aber erstens bin ich vielleicht nicht die ideale Besetzung dafür, und zweitens gibt es da diese anderen wichtigen Ziele, denen ich mich widmen möchte. Können wir darüber sprechen, wie ich meine Zeit am sinnvollsten einsetzen kann?«*

Diese Beispiele passen möglicherweise nicht genau zu Ihrer Art oder Ihrer Situation, aber es wird Ihnen sicherlich helfen, wenn Sie sich selbst ein paar passende Sätze zurechtlegen. Vielleicht üben Sie diese Sätze im Vorfeld, damit Sie sie im Bedarfsfall mit größerer Zuversicht aussprechen können. Entscheidend ist, dass Sie den Mut haben, Nein zu sagen – Nein zu unnötigen Q1- und Q3-Aktivitäten, die Sie lediglich davon abhalten, sich anderen Projekten zu widmen, die sich weit stärker auf das Ergebnis auswirken.

Aber seien wir ehrlich. Manchmal müssen Sie sich auf eine Q1-Aktivität oder etwas, das Ihnen wie eine Q3-Aktivität vorkommt, einlassen, weil Ihr Vorgesetzter es so will. In diesem Fall sollten Sie sich klarmachen, dass diese Leute nicht jeden Morgen mit dem Gedanken aufwachen, wie sie Sie auch heute von Ihrer eigentlichen Arbeit abhalten können – auch sie stehen unter Leistungsdruck. Wahrscheinlicher ist, dass die Betreffenden in Ihnen jemand Fähigen und Kompetenten sehen, dem sie zutrauen, dass er seine Arbeit gut macht. So schmeichelhaft das für Sie ist – indem Sie einen zuversichtlichen, professionellen und respektvollen Ton anschlagen, gelingt es Ihnen möglicherweise trotzdem, einige der Q1- und Q3-Aktivitäten, die an Sie herangetragen werden, abzubiegen oder zurückzudelegieren. Auf diese Weise helfen Sie den Bittstellern, sich bewusster zu machen, was sie tun und wie diese Dinge zum Endergebnis beitragen (oder eben nicht). So profitieren alle Seiten davon!

Denken Sie darüber nach. Fällt es Ihnen leicht, im gebotenen Fall Nein zu sagen? Sind Sie dermaßen darauf erpicht, Konflikten aus dem Weg zu gehen, dass Sie sich lauter Q3-Aktivitäten aufladen, die Sie daran hindern, sich wichtigeren Dingen zu widmen?

Diese Beispiele beschreiben einige der verbreiteteren Varianten, wie wir uns in die Quadranten 1 und 3 hineinbewegen. Aber bedenken Sie: Ob Lust, Angst, Stress oder Konfliktvermeidung – sie alle haben einen chemischen Stimulus im reaktiven Gehirn. Solange wir nicht bewusst eine andere Entscheidung treffen, laufen wir Gefahr, diesen kurzfristigen chemischen Anreizen zu folgen und den 2. Quadranten mit seinen wichtigen Prioritäten zu verlassen.

Auch der 2. Quadrant hat seine chemischen Stimuli; es liegt an uns, sie willentlich zu erzeugen, um letztendlich in den Genuss des nachhaltigen Hochgefühls zu kommen, das wahre Erfüllung mit sich bringt.

Unserer Erfahrung nach eignet sich der 3. Quadrant am besten dafür, einen Teil unserer wertvollen Zeit, Aufmerksamkeit und Energie zurückzugewinnen und in den 2. Quadranten umzulenken.

Denken Sie darüber nach. Gibt es eine Sache, die Sie von heute an anders handhaben könnten, sodass Sie weniger Zeit im 3. Quadranten verbringen?

Wie steht es mit dem 4. Quadranten?

Die Gründe, warum wir den 4. Quadranten aufsuchen, ergeben sich häufig aus den Quadranten 1 und 3. Wir fühlen uns so mitgenommen von all der Zeit, die wir in der Dringlichkeitszone verbringen, dass wir uns nach einer Erholungspause sehnen. Wir suchen folglich nach einem raschen Dopaminkick, der wenig Energie erfordert, uns aber vorübergehend Erleichterung verschafft; und um das zu erreichen, nehmen wir Zuflucht bei den verschwenderischen und exzessiven Aktivitäten des 4. Quadranten.

Seien wir ehrlich. Echte Erholung ist sehr wichtig und, wie schon gesagt, eine unverzichtbare Q2-Aktivität. Und was für die eine Person erholsam ist, muss es für die andere noch lange nicht sein. Viele von den Dingen beispielsweise, die wir häufig für Zeitverschwendung halten – Computerspiele, Social Media, Fernsehkonsum und so weiter –, können für manch einen ein legitimes Mittel der Erholung sein; wir sollten sie deshalb nicht pauschal als Zeitverschwendung abtun.

Ebenso wichtig wie das, was wir tun, sind die Gründe, warum wir es tun und wie lange wir uns damit beschäftigen. Was als eine erholsame Q2-Aktivität beginnt, kann, wenn wir nicht aufpassen, schnell in eine Q4-Aktivität abgleiten.

Eine Frau berichtete uns davon, wie sie nach mehreren Wochen auf Reisen total erschöpft nach Hause kam. Nachdem sie am Samstagmorgen spät aufgewacht war, ließ sie sich auf der Wohnzimmercouch nieder, um ihre Lieblingsfernsehshow zu sehen. Normalerweise genügen ihr ein oder zwei Episoden, um sich zu erholen, aber an diesem Tag fühlte sie sich so schlapp, dass sie sitzen blieb und sich eine Episode nach der anderen reinzog und darüber ganz vergaß, dass sie nicht allein im Haus war. (Das fiel ihr erst wieder ein, als ihr Hund sie mit erwartungsvollem Blick ansah, als wollte er sagen: »Warum beachtest du mich nicht?«)

Sie hätte wissen müssen, dass ihr Verhalten ihre Beziehung zu ihren Mitbewohnern belasten würde und dass sie den Schaden später wieder würde reparieren müssen. Aber sie war vorübergehend an einem Punkt angelangt, wo sie nicht mehr aus dem 4. Quadranten herausfand. Es war eine schmerzvolle Lernerfahrung in Bezug auf die Zeit-Matrix™ und die richtige Balance im Leben.

Die Zeit-Matrix™ wird zu Ihrem persönlichen Rechenschaftssystem. Nur Sie selbst können feststellen, in welchem Quadranten Sie sich gerade befinden, denn nur Sie wissen, was für Sie das Wichtigste ist. Woher wissen Sie also, dass Sie in den 4. Quadranten abgeglitten sind? Aufschluss darüber kann nur ein aufrichtiger innerer Dialog liefern, in dem Sie sich fragen, was Sie gerade tun. Sie könnten sich beispielsweise fragen:

- Hat diese Aktivität für mich echten Erholungswert? Verleiht sie mir zusätzliche Energie oder raubt sie mir Energie?

- Habe ich mich vergessen und zu viel Zeit mit dieser Aktivität verbracht?
- Wirkt sich diese Aktivität positiv oder negativ auf wichtige Beziehungen aus?
- Engagiere ich mich in dieser Angelegenheit über Gebühr?
- Welchen Preis zahle ich für die hier verbrachte Zeit? Fehlt sie mir für wichtigere Dinge?

Der entscheidende Schlüssel, um in den 2. Quadranten zu gelangen: Innehalten – Klären – Entscheiden

Wie sieht der Schlüssel aus, mit dem Sie in den 2. Quadranten gelangen? Halten Sie lange genug inne und bringen Sie Ihr reaktives Gehirn zum Schweigen – klären Sie für sich, was es ist, das nach Ihrer Zeit und Energie verlangt – und entscheiden Sie dann, ob die Sache es wert ist, dass Sie sich mit ihr beschäftigen. Wir bezeichnen diesen zentralen Vorgang als Innehalten – Klären – Entscheiden (IKE).

IST ES WICHTIG?
(Innehalten – Klären – Entscheiden)

Unsere Fähigkeit, genau das zu tun, spielt in dem Augenblick eine Rolle, in dem wir bewusst entscheiden, ob wir etwas tun wollen oder nicht. IKE bedeutet im Prinzip, dass wir uns im entscheidenden Augenblick fragen: »Ist das wichtig?« Diese einfache Methode hilft uns, die Augenblicksrendite zu bekommen, die wir uns wünschen.

Auch das entspricht nicht der Art, wie unser Gehirn evolutionsbedingt reagiert. Wie wir wissen, sind wir von Natur aus darauf gepolt, unmittelbar auf Dinge zu reagieren, die unser reaktives Gehirn ansprechen und den Dopaminspiegel steigen lassen. Andererseits ist es genau dieser Augenblick des Innehaltens, der uns Menschen zu besonderen Leistungen befähigt. Ohne diese Fähigkeit würden wir noch immer im Lendenschurz herumlaufen und uns nach Säbelzahntigern umschauen.

Aber keine Sorge! Die gute Nachricht lautet, dass Sie das schon immer tun. Sie tun es, wenn Sie morgens aufstehen und beschließen, was Sie essen wollen. Sie tun es, wenn Sie auf eine Kreuzung zufahren und beschließen, welche Richtung Sie nehmen wollen. In Tausenden von Situationen existiert dieser Augenblick der Entscheidung zwischen mehreren Möglichkeiten. Die Kunst besteht jetzt darin, unsere in manchen Situationen klar bewiesene Fähigkeit, von dieser Wahlmöglichkeit Gebrauch zu machen, auch auf jene Situationen zu übertragen, in denen wir bislang nicht so wählerisch waren.

Wenn Sie mit der Zeit-Matrix™ vertraut sind, steht Ihnen damit ein Bezugssystem zur Verfügung, anhand dessen Sie klären können, ob etwas wichtig ist oder nicht. Wenn etwas nach Ihrer Zeit und Energie verlangt, können Sie sich fragen: »In welchen Quadranten gehört es?« So können Sie besser entscheiden, wie Sie damit umgehen wollen.

Wenn Sie zusätzliche Hilfe benötigen, um festzustellen, in welchen Quadranten eine Aktivität fällt, können Sie sich eine oder mehrere der folgenden Fragen stellen:

- Wann muss das wirklich erledigt werden?
- Welche Folgen hätte das für unser aktuelles Projekt?
- Können wir das delegieren oder das angestrebte Ergebnis auf andere Art und Weise erzielen?
- Wie wichtig ist das im Vergleich zu den anderen Dingen, an denen ich gerade arbeite?

Klärende Fragen regen unser denkendes Gehirn an, was unserer Fähigkeit zugutekommt, bewusste Situationsbeurteilungen vorzunehmen.

Natürlich funktioniert die IKE-Methode besser, wenn Sie sie gemeinsam mit anderen praktizieren können. Es wäre schön, wenn Ihr gesamtes Unternehmen eine Q2-Kultur hätte – wenn jeder Beteiligte stets die IKE-Methode nutzen würde, bevor er eine Aufgabe annimmt oder Sie bittet, eine zu übernehmen.

Aber selbst wenn Ihr Unternehmen nicht so tickt, haben Sie immer noch die Möglichkeit, in Ihrem unmittelbaren Arbeitsumfeld oder auch bei sich zu Hause eine Q2-Kultur zu schaffen.

Wie schaffen wir uns unsere eigene Q2-Kultur?

Wir alle leben in einem kulturellen Umfeld von Menschen, die sich, bildlich gesprochen, über, unter oder neben uns befinden – mag es auch nur aus Ihnen und Ihrem Vorgesetzen oder Ihnen und einem Kollegen bestehen.

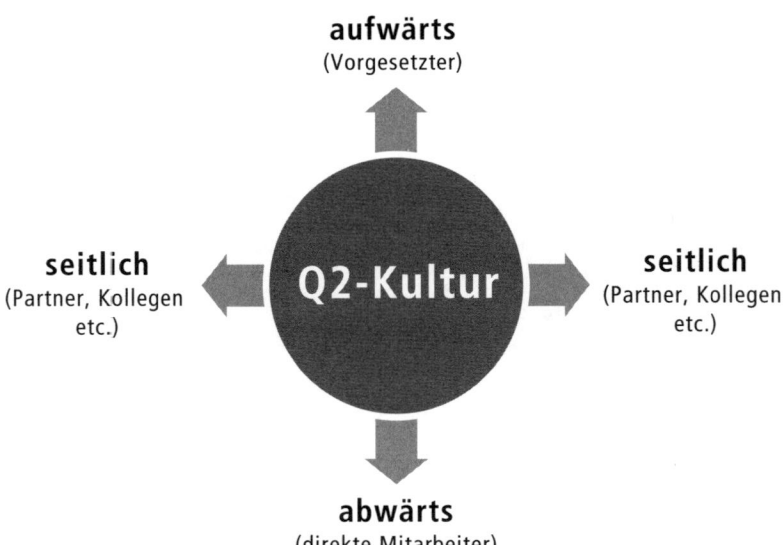

aufwärts
(Vorgesetzter)

seitlich
(Partner, Kollegen
etc.)

Q2-Kultur

seitlich
(Partner, Kollegen
etc.)

abwärts
(direkte Mitarbeiter)

Um in Ihrem Umfeld eine Q2-Kultur zu schaffen, müssen Sie mit anderen Menschen Beziehungen bilden, die ein gemeinsames Bezugssystem (die Zeit-Matrix™) und eine gemeinsame Sprache (Q1, Q2, Q3, Q4 und Innehalten–Klären–Entscheiden) als Grundlage haben. Nur so können Sie gemeinsam Ihr Tun bewerten und Ihre Aufmerksamkeit und Energie bewusst auf die wichtigsten Dinge konzentrieren.

Gehen Sie dabei folgendermaßen vor:

1. **Stellen Sie die Zeit-Matrix™ vor.** Machen Sie die Personen in Ihrem Umfeld mit Ihrer Vorstellung von der Zeit-Matrix™ vertraut. Setzen Sie sich mit Ihrem Vorgesetzten oder Ihren Kollegen zusammen und skizzieren Sie die Zeit-Matrix™. Fragen Sie, welche Aufgaben, Projekte oder andere Aktivitäten in welchen Quadranten gehören. Für Ihre Gesprächspartner ist das möglicherweise ein wichtiges Aha-Erlebnis, wenn ihnen bewusst wird, wie viel Zeit sie in weniger wichtige Aktivitäten investieren. Vergessen Sie auch nicht, die IKE-Methode vorzustellen.

2. **Wenden Sie das entsprechende Vokabular an.** Dann werden Sie, wenn von der Zeit-Matrix™ die Rede ist, immer häufiger Formulierungen hören wie:»Ist das eine Q1-Aktivität? Muss ich mich jetzt sofort damit auseinandersetzen?«»Ist das eine Q3-Aktivität? Müssen wir das wirklich alles machen?«»Mir scheint, ich befinde mich im 4. Quadranten. Wie kann ich das ändern?«Oder:»Das ist eine Q2-Priorität. Wir sollten uns dafür Zeit nehmen.«

   Die gemeinsame Sprache hilft den Beteiligten bei der Entscheidung, wie viel Zeit und Energie sie in eine Aufgabe investieren wollen. Wenn Sie mitbekommen, wie Ihre Leute einander mailen:»Das ist eine echte Q1-Aktivität«, dann wissen Sie, dass sich die Kultur im Wandel befindet.

3. **Praktizieren Sie die IKE-Methode gemeinsam.** Wenn Sie versuchen, mit einer anderen Person Ihr weiteres Vorgehen abzustimmen, könnten Sie sagen:»Lass uns kurz innehalten und klären, was das Wichtigste ist, sodass wir entscheiden können, worauf wir uns konzentrieren wollen.« Wie hilfreich dieses Vorgehen für Ihre Beziehungen und Ihr unmittelbares Arbeitsumfeld ist, zeigt sich spätestens dann, wenn Sie tatsächlich gemeinsam Nein zu einer Sache sagen, um sich umso mehr einer anderen Sache widmen zu können.

Wenn Sie mit anderen zusammenarbeiten, müssen Sie lernen, diese Fragen so vorzubringen, dass sie natürlich klingen. Das erfordert unter Umständen etwas Übung, ist aber die Mühe wert.

Wenn Sie der Chef sind

Wenn Sie an der Spitze eines Teams stehen, müssen Sie dafür sorgen, dass sich Ihre Mitarbeiter auf das Wichtigste konzentrieren. Das ist schlicht Ihr Job. Die gute Nachricht lautet, dass Ihr Einfluss auf die Kultur Ihres Teams beträchtlich ist. Indem Sie beispielsweise eine Teambesprechung nutzen, um die Zeit-Matrix™ mitsamt der IKE-Methode vorzustellen und ihre Anwendung anhand von teamrelevanten Beispielen durchzuexerzieren, schaffen Sie beste Voraussetzungen dafür, dass Ihr Team künftig mehr Zeit im 2. Quadranten verbringen wird.

Wenn Sie dann auch den nächsten Schritt tun und Ihre Leute bitten, ihre gegenwärtigen Aktivitäten anhand der Zeit-Matrix™ zu überprüfen und neu zu strukturieren, wird aus der Q2-Kultur Realität. Solange Sie Ihren Leuten eine solche Neuausrichtung verwehren, bewirken Sie damit lediglich Desillusionierung und Verdruss. Werfen Sie dann noch mit Q1- und Q3-Bomben um sich, dann dürfen Sie sich nicht wundern, wenn Sie mit Ihrer Aufforderung, sich bitte auf die eigenen Ziele zu konzentrieren, nur Kopfschütteln und Verständnislosigkeit ernten.

Zu Ihrer Rolle als Führungskraft gehört es, dass Sie für die richtige Kultur in Ihrem Team sorgen. Wenn es Ihnen ernst ist mit dem 2. Quadranten, könnten Sie sich zum Beispiel folgende Fragen stellen:

1. Sind die Ziele und Prioritäten des Teams allen Beteiligten bewusst?
2. Was tue ich (fehlende Planung, Vorbereitung und so weiter), das meine Mitarbeiter in den Krisenmodus versetzt? (Q1)
3. Bitte ich meine Mitarbeiter um Dinge, die nicht nötig wären? (Q3)
4. Gibt es Berichte, Prozesse oder Systeme, die schon nicht mehr aktuell sind und den Mitarbeitern lediglich Zeit rauben? (Q4)
5. Schaffe ich ein sicheres Umfeld, in dem meine Mitarbeiter das, was wir tun, hinterfragen und verändern können, damit wir unsere Ziele besser erreichen?

6. Ermuntere ich meine Mitarbeiter, innezuhalten und sich über den Wert und die Wirkung eines neuen Projekts oder einer neuen Aufgabe klar zu werden, bevor sie sich darauf stürzen?

Wenn Sie nicht der Chef sind

Wenn Sie nicht der Teamleiter sind, besteht kein Grund zur Sorge. Sie können immer noch eine Q2-Kultur unter den Personen schaffen, mit denen Sie zusammenarbeiten, Ihren Vorgesetzten inbegriffen; das zeigt die folgende Geschichte.

Laura hatte einen von diesen schwierigen Chefs. Ständig überschüttete er sie mit Arbeit, bis es irgendwann zu viel wurde. Ihr wurde bewusst, dass sich etwas ändern musste, oder sie würde kündigen, aus der Haut fahren oder beides. Also setzte sie sich mit ihrem Chef zusammen und bat ihn, ihr dabei zu helfen, unter den Dingen, die er ihr aufgetragen hatte, die richtigen Prioritäten zu setzen. Sie schlug vor, dass sie die Aktivitäten anhand der Zeit-Matrix™ in Kategorien einteilten.

Als sie die einzelnen Posten durchgingen, ordnete ihr Vorgesetzter alles dem 1. Quadranten zu, weil er alles sowohl für wichtig als auch für dringlich hielt.

Aber er war kein Idiot. Als er die Liste betrachtete, wurde ihm bewusst, dass Laura unmöglich alles, was er ihr aufgetragen hatte, mit der gebotenen Sorgfalt erledigen konnte. Gemeinsam entschieden sie also, welchen Quadranten die Aufgaben stattdessen zugeordnet werden sollten, wobei der Vorzug auf dem 2. Quadranten lag.

Sie verwendeten klärende Fragen wie: »Wann wird das Ergebnis dieser Aktivität wirklich benötigt?« »Wie wirkt sich diese Aktivität auf unsere finanzielle Performance aus?« »Welche Folgen hätte es, wenn wir diese Angelegenheit nicht binnen eines Monats erledigen würden?« Es gelang ihnen, einen Plan zu erstellen, mit dem sowohl Laura als auch ihr Vorgesetzter besser leben konnten als mit dem bisherigen Zustand.

Und das war noch nicht alles. Lauras Vorgesetzter begann, im Gespräch mit ihr und ihren Kollegen die neuen Begriffe zu verwenden. In wenigen Monaten hatten sie ein Bezugssystem – die Zeit-Matrix™ – und eine gemeinsame Sprache, um bessere Entscheidungen zu treffen.

Laura wandte diese Methode auch im Umgang mit einigen ihrer Kollegen an – mit ähnlichem Resultat.

Auch wenn Ihre Bemühungen, eine Q2-Kultur zu etablieren, möglicherweise anders verlaufen, zeigen unsere Erfahrungen, dass die meisten Menschen Bezugssystem und Sprache bereitwillig übernehmen, sobald sie sehen, wie sehr sie davon profitieren.

Die Zeit, die Sie aufwenden, um in Ihren unmittelbaren Arbeitsbeziehungen ein Wichtigkeitsdenken einzuführen, kann sich äußerst positiv auf Ihre eigenen Möglichkeiten auswirken, selbst zu entscheiden, wie Sie Ihre Zeit und Energie einsetzen wollen.

Zurück zu Cara – ist sie produktiv?

Zu Beginn dieses Kapitels haben wir einen Blick auf Caras Tagesablauf geworfen und uns gefragt: »Ist sie produktiv?«

Auch wenn wir uns bislang lediglich mit der 1. Entscheidung beschäftigt haben, gibt uns dies schon die Möglichkeit, einige ihrer Aktivitäten im Lauf des Tages zu analysieren und festzustellen, ob sie im 2. Quadranten liegen. Dabei können wir auch überlegen, wo ihr ein wenig Q2-Denken helfen könnte, die Situation besser zu meistern.

- **Die morgendlichen E-Mails.** Anstatt aufzustehen und wie geplant Sport zu treiben, greift Cara als Erstes nach ihrem Smartphone und beginnt, die neuen E-Mails zu lesen. Einige bearbeitet sie sofort, was ihr einen kleinen Dopaminkick verschafft. Nach 45 Minuten schließlich startet sie eiligst in den Tag. Das sieht mehr nach einer Q3-Aktivität aus.

- **Zerknitterte Kleidung.** Das scheint nur eine Kleinigkeit zu sein, die möglicherweise wenig zur Qualität ihres Tages beiträgt (es sei denn, ihr steht eine wichtige Kundenbesprechung bevor), aber warum macht sie (und viele von uns) sich unnötig diesen Stress am Morgen? Rechtzeitig gereinigte und gebügelte Kleidung hätte sie in den 2. Quadranten gebracht; so aber muss sie im 1. Quadranten versuchen, einen kleidungstechnischen Fehlgriff zu vermeiden.

- **Das Frühstück in Eile und Hast.** Auch wenn viele Kaffee und ein Brötchen für ein passables Frühstück halten, gibt es bessere Alternativen, sich die physische und mentale Energie für den Tag zu holen. Das ist wichtig, weil diese Energie die Grundlage für alles andere bildet, was wir tun. Der pflegliche Umgang mit sich selbst ist sicherlich eine Q2-Aktivität.

- **Die Zahlen für die Sitzung.** Zwar hat Cara vorgehabt, die Zahlen schon am Vortag zusammenzustellen, aber dann hat eine dringende Anfrage von Karl sie aus dem Plan gebracht. Weil wir nicht wissen, ob es sich bei der Anfrage um etwas Wichtiges oder lediglich um etwas Dringendes handelte, können wir auch nicht beurteilen, ob Cara die Arbeit daran hätte zurückstellen oder sogar ganz abblocken können. Die Techniken, die wir in diesem Kapitel vorgestellt haben, hätten ihr sicherlich geholfen, dem Wichtigen Priorität vor dem Dringenden einzuräumen.

  Wie dem auch sei – sie hat es nicht geschafft, sich rechtzeitig vorzubereiten, und war somit verantwortlich für einen Q1-Informationsbedarf, den sie nun an Kellie weiterreicht. Glücklicherweise steht Kellie bereit, um ihr aus der Klemme zu helfen.

- **Der sogenannte Teilzeit-Kunstprofessor.** Ist er wirklich so eine Nullnummer verglichen mit Caras überbeschäftigtem Leben? Oder ist er lediglich organisiert genug, um sich die Freiheit zu erlauben, morgens entspannt zur Arbeit zu fahren? In diesem Fall wäre er unser Q2-Kandidat, während Cara sich eher im 1. Quadranten zu bewegen scheint.

- **Das fristgerechte Projekt.** Von außen betrachtet sieht das tatsächlich nach einem Q2-Projekt aus. Es ist in der Zeit, und die Beteiligten scheinen ihre Rollen zuverlässig wahrzunehmen. Solange wir nichts Genaueres wissen, wollen wir das Beste annehmen.

- **Der schwierige Zulieferer.** Sicherlich kommt es vor, dass Zulieferer ihrer Aufgabe nicht gewachsen sind. Was aber ließe sich nach Q2-Art an dieser Beziehung dennoch verbessern? Könnte es sein, dass Caras Team sich niemals wirklich Gedanken über den Umfang der Webkomponente gemacht hat, sodass der Zulieferer ein realistisches Angebot hätte abgeben können? Gäbe es möglicherweise Kommunikationsformen, die den Entwicklungsfluss fördern könnten? Übernimmt Caras Team vielleicht zu unkritisch die Vorschläge anderer, anstatt zuvor zu prüfen, ob sie mit den inhaltlichen und zeitlichen Projektvorgaben im Einklang stehen?

Indem wir Zeit für die Planung, Vorbereitung, Kommunikation und Stärkung einer wichtigen Zuliefererbeziehung reservieren, können wir daraus Q2-Aktivitäten machen. Wenn wir damit rechtzeitig beginnen, vermeiden wir auch das Risiko einer zukünftigen Q1-Krise, die Caras gesamtes Projekt in Gefahr bringen könnte.

- **Unternehmensberichte, interne Politik und beschränkte Ressourcen.** Solche Dinge gibt es in jeder Organisation. Die Mitarbeiter benötigen Informationen und unterschiedliche Personen haben unterschiedliche Bedürfnisse und Interessen. Das Ausmaß, in dem die Beschaffung von Informationen die Arbeit an wichtigen Projekten behindert (statt sie zu fördern), ist ein Indikator dafür, wo sich die Unternehmenskultur auf der Zeit-Matrix™ befindet. Wenn die Informationsbeschaffung viel Zeit in Anspruch nimmt und darüber viel wichtige Arbeit liegen bleibt, handelt es sich vermutlich eher um eine Q3- statt um eine Q2-Kultur.

  In einer Q2-Kultur kann man offen darüber sprechen, ob ein Bericht überhaupt erforderlich ist. Ebenso lässt sich dort über konkurrierenden Ressourcenbedarf verhandeln. Hinsichtlich der Programmierressourcen hätte Cara ein Gespräch führen können, das beispielsweise so beginnt: »Mein Bedarf ist wichtig und dringend. Kann ich diese Ressourcen in dieser Woche wie geplant nutzen, wenn ich dir versichere, dass du sie in der nächsten Woche haben kannst?«

- **Auf dem Heimweg.** Was Cara nach Verlassen des Büros auf ihrem Heimweg macht, was sie möglicherweise währenddessen isst und was sie tut, wenn sie zu Hause angekommen ist, ist allein ihre Angelegenheit. Das können Q1-, Q2-, Q3- oder Q4-Aktivitäten sein. Die entscheidende Frage lautet: Würde Cara einen Schritt zurücktreten, um sich Gedanken darüber zu machen, wie gelungen ihr Abend war, würde sie dann sagen, dass er zu ihren höchsten Zielen und Prioritäten beigetragen hat? Fühlt sie sich zufrieden und erfüllt in den Bereichen ihres Lebens, die nicht unmittelbar mit der Arbeit zu tun haben? Wenn das so ist, befindet sie sich im 2. Quadranten. Wenn nicht, wäre es vielleicht eine gute Idee, sich zu überlegen, ob sie etwas verändern möchte.

Um bessere Ergebnisse zu erzielen, muss Cara nicht gleich perfekt sein oder unerreichbare Höhen der Produktivität erklimmen. Es reicht, wenn sie ihr Denken modifiziert und dann immer jeweils ein oder zwei Dinge verändert. Sobald sie sich bei ihren Entscheidungen an der Zeit-Matrix™ und an der IKE-Methode orientiert, wird sie sich schon nach kurzer Zeit sehr viel häufiger im 2. Quadranten aufhalten.

Einfache Schritte für den Anfang

Sie können mit der Umsetzung der Prinzipien und Verhaltensweisen der 1. Entscheidung – das Wichtige machen; nicht auf das Dringende reagieren – beginnen, indem Sie einen oder mehrere der folgenden einfachen Schritte unternehmen. Wählen Sie aus, was Ihnen am meisten zusagt.

- Erstellen Sie eine Kopie der Zeit-Matrix™ und bringen Sie sie an Ihrem Tisch oder an der Wand an, damit sie Sie regelmäßig daran erinnert, sich auf Q2-Aktivitäten zu konzentrieren.
- Fertigen Sie Karteikarten mit sieben Feldern für die sieben Tage der Woche an. Wenden Sie mindestens einmal täglich bewusst die IKE-Methode an. Machen Sie jedes Mal einen Haken oder kleben Sie einen goldenen Stern (mehr Dopamin!) in das Feld für den Tag. Gönnen Sie sich etwas, sobald die Karte voll ist, und feiern Sie Ihren Erfolg.
- Erstellen Sie eine Liste klärender Fragen, die Sie sich und anderen gern stellen würden, und üben Sie sie vor dem Spiegel ein.
- Befestigen Sie einen Haftzettel mit der folgenden Frage am Rahmen Ihres Computerbildschirms: »Was ist die Rendite dieses Augenblicks?«
- Nehmen Sie sich jeden Morgen ein paar Minuten Zeit, um sich über die ein oder zwei wichtigsten Q2-Aktivitäten des Tages klar zu werden. Notieren Sie sie auf einem Zettel und stecken Sie ihn in Ihre Tasche. Schauen Sie am Ende des Tages erneut auf den Zettel und prüfen Sie, ob Sie diese Aktivitäten ausgeführt haben. Fragen Sie sich andernfalls nach den Gründen.

- Überlegen Sie, welche Dinge, die Ihnen dringend vorkommen, genau genommen nicht wichtig sind, und entwickeln Sie eine Strategie, wie Sie damit umgehen wollen.

ZUSAMMENFASSUNG

- Unser Gehirn besteht im Wesentlichen aus zwei Teilen: dem denkenden und dem reaktiven Gehirn.

- Welche Ergebnisse wir im Leben erzielen, hängt von unserem Urteilsvermögen ab.

- Mit etwas Übung können wir unser Gehirn so umpolen, dass wir bewusster entscheiden, was wir tun, und seltener im reaktiven Modus handeln.

- Um bewusst entscheiden zu können, was wir tun, benötigen wir ein Bezugssystem (die FranklinCovey Zeit-Matrix™) und ein Handlungsschema (Innehalten – Klären – Entscheiden, kurz: IKE).

- Um wirklich produktiv zu sein, müssen wir die in den Quadranten 1 und 3 verbrachte Zeit minimieren, die im 4. Quadranten verbrachte Zeit ganz eliminieren und möglichst viel Zeit in den 2. Quadranten investieren.

- Vermeiden Sie alle Aktivitäten in den Quadranten 1, 3 und 4, über die Sie selbst bestimmen können, und nutzen Sie die gewonnene Zeit für den 2. Quadranten.

- Wir können eine Q2-Kultur erzeugen, indem wir die Sprache der Wichtigkeit verwenden und lernen, uns gemeinsam auf Q2-Aktivitäten zu konzentrieren.

Entscheidungs-
management

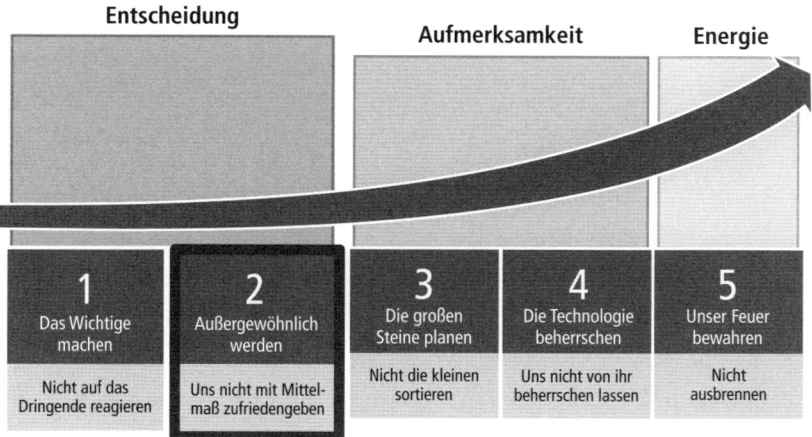

Die 2. Entscheidung: Außergewöhnlich werden; uns nicht mit Mittelmaß zufriedengeben

»Jedes Leben hat das Potenzial, mit Tiefgang gelebt zu werden.«
WILLIAM POWERS

Jan atmete tief durch, als er ins Taxi stieg. Endlich konnte er sich ein wenig entspannen, jetzt, wo die Sitzung zu Ende war und er sich auf dem Heimweg befand. »Das Meeting ist ganz gut verlaufen«, dachte er sich. »Schließlich kenne ich das System besser als jeder andere.« Es irritierte ihn jedoch zunehmend, wie viel Zeit es ihn kostete, bis manche Leute selbst die simpelsten Dinge verstanden. »Wenn wir die Zeit hätten, diese Dinge zu dokumentieren und uns eingehender mit der Benutzerschnittstelle zu befassen, wären viele dieser Probleme sicherlich vermeidbar«, dachte er.

Je mehr er darüber nachdachte, desto größer wurde sein Frust. Ihm fielen so viele Möglichkeiten ein, wie man die Software noch besser machen konnte, damit die Kunden sie leichter verstehen konnten. Bei dem Tempo der Entwicklung und dem ständigen Zwang, Umsatz zu generieren, reichte dem Entwicklerteam die Zeit jedoch gerade einmal dazu, mit den wichtigsten Anforderungen Schritt zu halten. Er selbst hatte das Gefühl, als sei er nur noch mit Schadensbegrenzung beschäftigt. Für die Art von Finetuning, wie man sie normalerweise erwarten würde und zu der er sich grundsätzlich auch imstande sah, blieb da schlicht keine Zeit. »Wir geben uns mit gut zufrieden, obwohl wir doch viel mehr könnten. Früher oder später werden die Kunden es spitzkriegen, und dann müssen wir sehen, wie wir damit umgehen.«

Er griff nach seinem Telefon, um Katrina zu schreiben, dass er auf dem Nachhauseweg war. Sie hatte heute lange Dienst wegen der Inventur, aber er hoffte, dass sie fertig sein würde, wenn er nach Hause kam. »Bin froh, dass die Sitzung gut verlief«, schrieb er. Sie schrieb zurück: »Inventur nimmt kein Ende. Ich fürchte, ich muss morgen Abend noch einmal ran :-(.« Jan ließ sich in den Sitz sinken. Am nächsten Abend wollten sie eigentlich gemeinsam ausgehen, aber dieser Plan hatte sich soeben in Luft aufgelöst. Wann würden sie die Zeit haben, die Dinge zu tun, die ihre Ehe ausmachten? Wenn es so weiterging, könnte er genauso gut Junggeselle sein. »Früher haben wir so viel zusammen unternommen und hatten Spaß. Was ist nur geschehen?«, fragte er sich. »Ich muss das irgendwie anders handhaben!«

Um nach Q2-Art zu leben, müssen wir wissen, worauf es uns letztendlich im Leben ankommt. Wir brauchen Kriterien, anhand derer wir entscheiden, wofür wir unsere Zeit, Aufmerksamkeit und Energie verwenden möchten. Genau davon handelt die 2. Entscheidung. Wir müssen uns Klarheit über die Kriterien verschaffen, die uns bei den täglichen Entscheidungen helfen. Wir müssen für die wichtigsten Aspekte des Lebens – Beruf, Beziehungen, Geld, Familie, Freunde, aber auch Hobbys und Interessen – herausfinden, welche davon Q2-Aktivitäten sind und wie wir sie zu etwas Außergewöhnlichem machen.

Laut einem Experten »benötigen wir Orientierung und eine Vision, damit unser Gehirn optimal arbeitet. Wir brauchen einen Plan.«[9]

Warum das Außergewöhnliche anstreben?

Immer wieder hören wir Menschen sagen: »Ich will gar nicht außergewöhnlich sein; ich will lediglich in der Lage sein, ein normales, friedliches Leben zu führen!«

Bei all den Schwierigkeiten des Lebens und dem Arbeitspensum, das wir beständig bewältigen müssen, ist es legitim zu fragen, warum es unbedingt außergewöhnlich sein muss.

Lassen Sie uns rekapitulieren, was wir mit »außergewöhnlich« meinen. Außergewöhnlich bedeutet, dass wir am Ende eines Tages zufrieden und erfüllt in die Federn sinken. Es bedeutet, dass wir etwas erreichen, was unserer Arbeit und unserem Leben den größten Wert verleiht.

Mit »außergewöhnlich« meinen wir nicht, dass Sie

- sich einem unerreichbaren, perfektionistischen Überstandard verpflichtet fühlen;
- die Definitionen anderer übernehmen, wie Sie Ihre Tage verbringen und Ihr Leben führen sollten;

- sich jeder Laune anderer Menschen fügen, anstatt sich auf das zu konzentrieren, was Sie für wichtig halten;
- sich in Konkurrenz zu anderen sehen.

Wir sprechen hier schlicht über die Dinge, die Ihnen das tiefe Gefühl vermitteln, dass sie in Ihrem Leben hier und jetzt den meisten Wert schaffen.

Aber warum verwenden wir dann das Wort »außergewöhnlich«? Impliziert das nicht etwas, das jenseits des Gewöhnlichen liegt?

Ja, das tut es.

Unserer Erfahrung nach nehmen sich viele Menschen nicht die Zeit zu klären, was für sie das Wichtigste ist; und so verwenden sie, wie die Zeit-Matrix™ zeigt, auch nicht ihre Zeit für diese Dinge. Statt bewusste Entscheidungen auf der Grundlage einer klaren Vorstellung von dem zu treffen, was wichtig ist, lassen sie sich vom Dringlichen einspannen.

Die Folge davon ist, dass sie am Ende des Tages nicht vollauf zufrieden sind. Vielmehr haben sie ein Gefühl des Unbehagens, als ob in ihrem Leben und in dem, was sie tun, etwas fehlen würde. Wie kann es sein, dass sie ständig so beschäftigt sind und dennoch am Abend mit dem Gefühl ins Bett gehen, nichts geschafft zu haben? Oft versuchen sie dann, diese Gefühle in noch mehr Geschäftigkeit zu ertränken.

Dieses Buch will Ihnen helfen, Ihre Tage so zu gestalten, dass Sie sich am Abend zufrieden zurücklehnen können, weil Sie Ihre Zeit für etwas Wichtiges verwendet haben, das Ihnen ein Gefühl der Erfüllung und Zufriedenheit vermittelt. Den Kern dessen bildet das, was wir im Zusammenhang mit der 2. Entscheidung tun werden.

Welche Rollen sind die wichtigsten in Ihrem Leben?

Das Leben spielt sich in Rollen ab. Sie ermöglichen es uns, Beziehungen aufzubauen und sämtliche Aktivitäten durchzuführen, die uns als Menschen ausmachen.

Rollen sind für die menschliche Identität so wichtig, dass viele Gesprächspartner, wenn wir sie bitten, uns etwas über sich zu erzählen, stets in Rollenbegriffen antworten: »Ich bin Ingenieur.« »Ich bin Janas Ehemann.« »Ich bin Triathlet.« »Ich bin ein Freund.« Selbst wenn jemand eine Liste von Persönlichkeitsmerkmalen vorbringt und beispielsweise sagt: »Ich bin schüchtern«, oder: »Ich liebe Spaß«, haben diese Eigenschaften immer etwas mit den jeweiligen Rollen zu tun.

Der Trick besteht darin, sie alle im Gleichgewicht zu halten. Wie Sie jede einzelne Ihrer Rollen spielen, wirkt sich auf alle übrigen Rollen aus. Wenn Sie sich im Beruf schwertun, werden Ihre Laune und Ihr Verhalten zu Hause davon nicht unberührt bleiben. Und wenn in Ihrem persönlichen Leben etwas schiefläuft, fällt es Ihnen auch schwerer, Ihre beruflichen und anderen Rollen erfolgreich auszufüllen.

Unser Gehirn neigt von Natur aus dazu, Informationen nach Kategorien wie beispielsweise Rollen zu sortieren, und so ist es durchaus sinnvoll, das Leben nach Rollen zu organisieren.

Wie viele Rollen füllen Sie gerade jetzt in Ihrem Leben aus? Zehn? Fünfzehn? Sind Sie Manager? Mitarbeiterin? Projektleiter? Mutter / Vater? Tochter / Sohn? Bruder / Schwester? Aktivist? Architektin? Künstler? Sportlerin? Naturforscher? Trainerin? Lebenspartner? Freundin? Wie steht es mit Ihrer Rolle als derjenige, der sich um das eigene Wohlbefinden kümmert? Wie sehen Ihre verschiedenen Rollen und Beziehungen aus? Können Sie wirklich in allen diesen Rollen außergewöhnlich sein?

Zu den effektivsten Q2-Aktivitäten, die Sie unternehmen können, gehört die Verengung Ihres Fokus. Nehmen Sie sich die Zeit und identifizieren Sie die wichtigsten Rollen in Ihrem derzeitigen Leben, überlegen Sie, wie gut Sie Ihrer Ansicht nach in jeder dieser Rollen sind, und definieren Sie, was in jeder dieser Rollen Erfolg bedeutet. Das gibt Ihrem Gehirn die Ziele vor, die Ihren täglichen Entscheidungen eine neue Qualität verleihen werden.

Identifizierung der eigenen Rollen

Caras wichtigste gegenwärtige Rollen könnten zum Beispiel so aussehen:

- Projektmanagerin
- Freundin
- Mitbewohnerin
- Fotografin
- Tochter

Jan könnte die folgenden als seine wichtigsten gegenwärtigen Rollen angeben:

- Ehemann
- Softwareentwickler
- Teamleiter
- Nachbar

Als ein weiteres Beispiel könnte eine Frau namens Sarah ihre Rollen so definieren:

- Vollzeitmutter von drei Kindern
- Ehefrau von Jim
- Gesundheitsbewusste Person
- Ehrenamtliche

Diese drei Personen haben noch viele weitere Rollen in ihrem Leben, die sie auch nicht verleugnen – aber sie halten sie eher für nebensächlich. Sie haben sich gefragt, welche ihre wichtigsten Rollen sind, auf die sie sich in diesem Augenblick konzentrieren sollten, um damit am meisten zu bewirken. Als Nächstes konstruierten die drei mit ihren Rollen ein Lebensrad. Dabei handelt es sich um eine Visualisierung unserer Rollen als integrale Bestandteile einer ganzen Person.

Die Lebensräder unserer drei Personen sehen so aus:

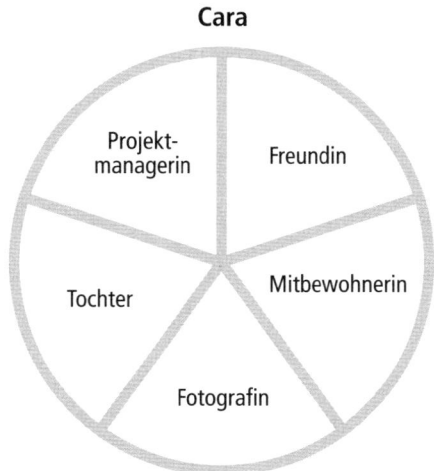

Cara

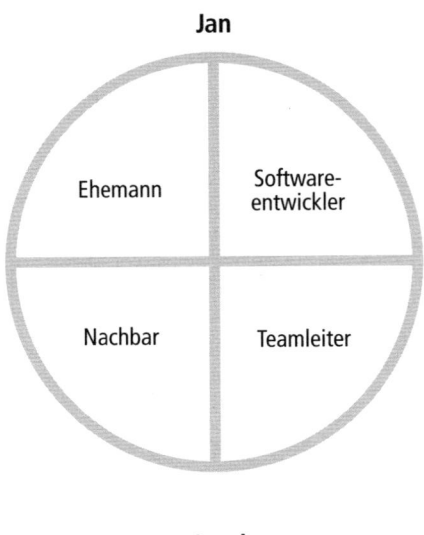

Jan

Ehemann | Software-entwickler

Nachbar | Teamleiter

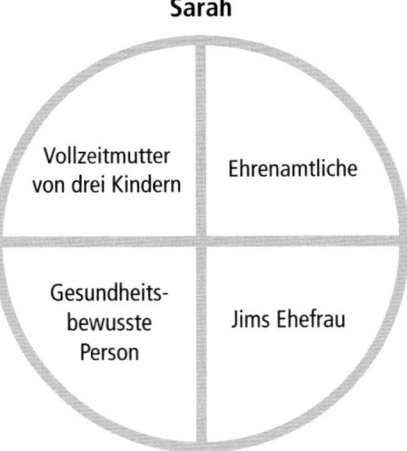

Sarah

Vollzeitmutter von drei Kindern | Ehrenamtliche

Gesundheits-bewusste Person | Jims Ehefrau

Wenn Sie erfolgreich Ihre wichtigsten Q2-Rollen identifiziert haben, werden diese:

- Ihre wichtigsten Beziehungen und Verantwortlichkeiten repräsentieren.
- für Ihr Leben im jetzigen Augenblick relevant sein (nicht irgendwann in der Zukunft und auch nicht nur in Ihrer Wunsch-vorstellung).

- bedeutsam für Sie sein. In Ihren Rollen bringen Sie Ihre tiefsten Werte und Ihre höchsten Bestrebungen zum Ausdruck; hier leisten Sie Ihren größten Beitrag.
- Ihrem Leben eine ausgewogene Perspektive bieten (das heißt, sie sollten nicht ausschließlich den beruflichen oder im Gegenteil den außerberuflichen Bereich abdecken).
- auf fünf bis maximal sieben beschränkt sein.

Wie geht es Ihnen?

Nachdem Sie die wichtigsten Rollen in Ihrem Leben identifiziert und in einem Lebensrad sichtbar gemacht haben, können Sie sich im nächsten Schritt mithilfe Ihres denkenden Gehirns klarmachen, wie gut Sie diese Rollen gegenwärtig ausfüllen.

Sind Sie darin:

- **unterdurchschnittlich?**
  »Ich leiste in dieser Rolle nicht das, was ich sollte, und ich habe zu wenig Zeit und Energie darauf verwendet.«
- **durchschnittlich?**
  »Ich tue das, was von mir erwartet wird.«
- **außergewöhnlich?**
  »Ich bin begeistert über den wertvollen Beitrag, den ich in dieser Rolle leiste.«

Das ist eine schwierige Frage, nicht wahr? Sie müssen ehrlich sein und der Realität ins Auge blicken. Schauen wir uns an, wie diese Übung bei unseren drei Beispielpersonen aussehen könnte. Sie würden ihre gefühlsmäßige Bewertung in Form von Punkten auf einer kontinuierlichen Skala von innen nach außen auf dem Lebensrad auftragen und die Punkte anschließend verbinden.

Cara

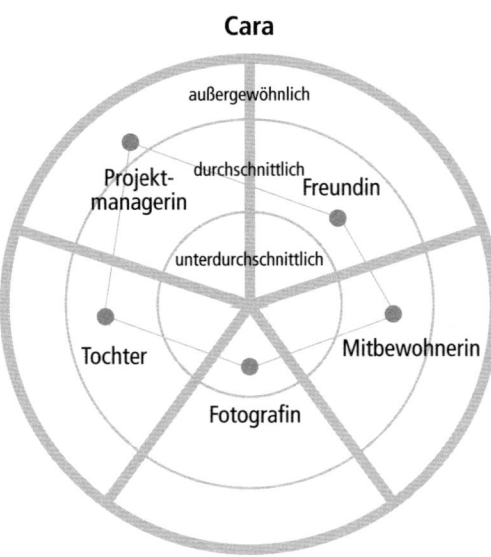

Jan

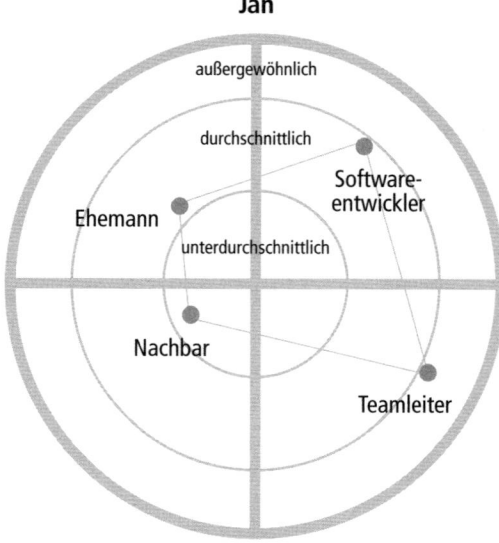

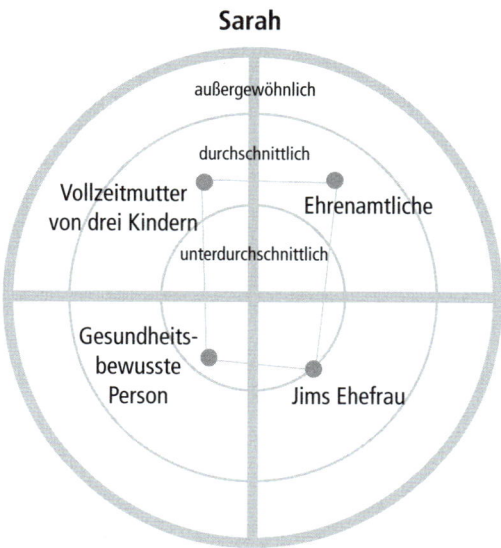

Sarah

außergewöhnlich

durchschnittlich

Vollzeitmutter von drei Kindern

Ehrenamtliche

unterdurchschnittlich

Gesundheits-
bewusste
Person

Jims Ehefrau

Diese Spinnennetzdiagrammübung macht Ihre Gefühle sichtbar. Sie veranschaulicht auf konkrete Weise, was Sie intuitiv geahnt haben, und macht daraus für Sie etwas Reales. Was denken Sie, wenn Sie auf diese Landkarte Ihrer aktuellen Performance blicken? Was sagen Kopf und Herz, wenn Sie dieses Bild in Ruhe auf sich wirken lassen?

Hier sind einige hilfreiche Tipps:

- **Feiern.** Feiern Sie, wenn Sie das Gefühl haben, in bestimmten Rollen gut zu sein. Seien Sie stolz auf sich.
- **Bestandsaufnahme.** Haben Sie den Mut, einen genaueren Blick auf die Rollen zu werfen, in denen Sie mit Ihrer Leistung nicht zufrieden sind. Betrachten Sie die Dinge ganzheitlich. In welchem Verhältnis stehen berufliches Leben und Privatleben? Besteht zwischen beiden ein Gleichgewicht oder dominiert eines von beiden? Sind Ihre Leistungen in einer Rolle allzu herausragend, mit der Folge, dass Sie einer anderen ebenfalls wichtigen Rolle nicht ausreichend Zeit, Aufmerksamkeit und Energie widmen können?
- **Rückversicherung.** Sind Sie sich in Ihrer Einschätzung sicher? Sollten Sie vielleicht noch eine andere Person befragen? Es gibt einige Menschen, die sich beispielsweise für außergewöhnliche

Lebenspartner halten, nur um ihre Seifenblase platzen zu sehen, wenn sie den anderen nach seiner Einschätzung befragen – eine gesunde Portion Realitätssinn, nicht wahr? Es kann auch vorkommen, dass andere Sie für besser halten als Sie sich selbst. Auch das ist gut zu wissen. Gehen Sie so weit, wie Sie mögen. Indem Sie sich mit den Sichtweisen der Menschen aus Ihrem Umfeld vertraut machen, verstehen Sie besser, wie Sie auf andere wirken und was Sie vielleicht verbessern könnten.

Wenn die Ergebnisse Sie bedrücken

Manchmal führt eine ehrliche Selbstbeurteilung dazu, dass die Betreffenden ihr Leben auf einmal in düsteren Farben sehen. Wenn Ihnen das bekannt vorkommt, sollten Sie Folgendes bedenken:

- **Gehen Sie nicht zu hart mit sich selbst ins Gericht.** Unser Gehirn neigt schnell dazu, sich auf die »weniger guten« Dinge im Leben zu konzentrieren. Selbst inmitten von vielen guten Dingen haben wir manchmal nur das Negative im Blick und erkennen darin ein totales Scheitern. Wenn es Ihnen so geht, sollten Sie tief Luft holen und einen Schritt zurücktreten, um ein ganzheitlicheres Bild zu gewinnen.
- **Tun Sie diese Gefühle auch nicht einfach ab.** Wenn Sie tatsächlich in einer Rolle, die Ihnen wichtig ist, nur unbefriedigende Leistung erbringen, könnte diese Übung den Anstoß für Veränderungen liefern. Betrachten Sie es so: Nachdem Sie jetzt den Mut hatten, sich die Situation einzugestehen, können Sie handeln; vorher haben Sie diese Gefühle lediglich verdrängt.
- **Schöpfen Sie Hoffnung.** Sie erfahren in diesem Buch, wie es Ihnen gelingt, sich mit dem, was Sie in Ihren Rollen tun, besser zu fühlen. Wenn Sie nicht aufhören, an sich zu arbeiten, wird sich diese Übung beim nächsten Mal schon deutlich positiver für Sie anfühlen.

Eine regelmäßige Bestandsaufnahme unserer Rollen kann uns die nötigen Hinweise geben, wie wir sie bei Bedarf ändern können.

Eine Frau sprach uns während der Pause in einer unserer Arbeitssitzungen an. Sie hatte eine einschneidende Erfahrung gemacht und wollte uns davon berichten. Sie sagte: »Bis vor wenigen Wochen bestand eine meiner Rollen darin, meine alte Mutter zu pflegen. Aber jetzt ist sie gestorben.« Sie hielt einen Moment inne und fuhr dann fort: »Seit dem Tod meiner Mutter verspürte ich eine innere Leere. Sie hat mich so sehr gebraucht, dass ich einige andere wichtige Rollen in meinem Leben völlig vernachlässigt hatte. Jetzt weiß ich, was ich tun muss, um diese Rollen wieder mit Inhalt zu füllen. Mir ist jetzt auch bewusst geworden, dass ich einige meiner Rollen immer schon vernachlässigt habe und dass ich, wenn ich sie von jetzt an ernst nehme, mein Lebensrad vervollständigen kann.«

Diese Übung kann auch unseren Entschluss stärken, auf die richtige Balance zu achten.

Rita, eine unserer Partnerinnen im Unternehmen, ist ein gutes Beispiel dafür, wie sich hervorragende berufliche Arbeit mit der Mutterrolle verbinden lässt. Sie ist Projektmanagerin in einer unserer kundenorientierten Gruppen und hat ihre Tätigkeit so strukturiert, dass sie Teilzeit arbeiten kann. Weil sie so gut ist in dem, was sie tut, funktioniert diese Lösung auch für das Unternehmen. Sie nimmt immer nur ein oder zwei Kundenprojekte gleichzeitig an und hat gelernt, ihre zeitlichen Vorstellungen klar zu kommunizieren, sodass sie immer dann arbeiten kann, wenn ihre Kinder in der Schule sind. Sobald die Kinder am Nachmittag nach Hause kommen, ist sie für die Firma quasi nicht mehr existent und für mehrere Stunden unerreichbar. Wenn die Kinder im Bett sind, meldet sie sich wieder zurück und arbeitet während der Abendstunden. Sie weiß genau, was sie in jeder Rolle erreichen will, und hat sich einige spezielle Fähigkeiten angeeignet, die sie benötigt, um die Rollen miteinander zu vereinbaren. Auf diese Weise gelingt es ihr, eine Balance zu schaffen, die ihr in beiden Rollen das Gefühl gibt, Wichtiges zu leisten und dabei Erfüllung zu finden.

Auch wenn Ritas Arrangement vielleicht nicht genau für Ihre Situation passt, sind die Prinzipien – klare Rollendefinitionen, Erwartungen und Grenzen sowie der Erwerb spezieller Fähigkeiten, um die richtige Balance zwischen den Rollen zu gewährleisten – auf beliebige Arbeitssituationen übertragbar.

Wie Sie Ihre Rollen außergewöhnlich machen

Sie haben Ihre wichtigsten Rollen identifiziert und einer Bestandsaufnahme unterzogen. Nun wollen wir uns anschauen, wie Sie sie in etwas verwandeln können, das Ihnen Orientierung gibt und Ihnen hilft, bessere Entscheidungen zu treffen, wie Sie Ihre tägliche Aufmerksamkeit und Energie investieren wollen.

Entscheidend ist, dass Sie sich für jede Rolle überlegen, was Sie jeweils unter Erfolg verstehen. Dazu können Sie zwei Dinge tun:

- Fangen Sie Ihre Zielvorstellung und Ihre Leidenschaft in einem Q2-Rollentitel ein.
- Formulieren Sie für jede Rolle ein Rollenleitbild.

Diese beiden Techniken sind in der Hirnforschung tief verwurzelt. Sie bringen Ihre Vorstellungswelt und Ihre Motivation auf den Punkt, sodass Sie sich, wenn Sie im Laufe des Tages schwierige Entscheidungen zu treffen haben, von diesen festen mentalen und emotionalen Grundbausteinen leiten lassen können, um im 2. Quadranten zu bleiben.

Fangen Sie Ihre Zielvorstellung und Ihre Leidenschaft in einem Q2-Rollentitel ein

Für unsere Zufriedenheit im Leben spielt Leidenschaft eine große Rolle.

Daniel Pink, Autor des Bestsellers *Drive – was Sie wirklich motiviert*, schreibt:

> »Wie die Wissenschaft zeigt, liegt das Geheimnis exzellenter Performance nicht in unserem biologischen Antrieb oder im Wechselspiel von Zuckerbrot und Peitsche, sondern in einem dritten Antrieb – unserem tiefen Bedürfnis, unser Leben selbst zu bestimmen, unsere Fähigkeiten auszubauen und zu erweitern und etwas zu leisten.«[10]

Andere Studien kamen zu dem Ergebnis, dass eine klare und überzeugende Zielvorstellung Stress lindern, die berufliche Leistungsfähigkeit steigern, Kraft spenden und ein Burn-out verhindern kann.[11]

Es gibt eine simple Technik, um diesen Geist und diese Motivation in Ihren Rollen einzufangen. Sie besteht darin, dass Sie gründlich über Ihre Leidenschaft und die Ziele, die Sie für sich in dieser Rolle sehen und fühlen, nachdenken. Lassen Sie dazu die Menschen, die Teil Ihrer Rolle sind, vor Ihrem inneren Auge Revue passieren. Welchen Beitrag möchten Sie in Ihrer Rolle als Mutter leisten? Oder als Vorgesetzter? Oder als Freund? Der Wunsch, etwas zu leisten – zu spüren, dass wir etwas geleistet haben –, ist dem Menschen angeboren. Wie sieht für Sie Erfolg aus? Was spricht Sie im Kopf und im Herzen an?

Sobald Sie sich eingehender Gedanken über Ihre Ziele in einer bestimmten Rolle machen, werden Sie in sich Gefühle wahrnehmen, und Sie werden versuchen, das zu umarmen, was Sie fühlen. Sie werden erkennen, wie wichtig es ist, diese Gefühle hervorzurufen, aber Sie wissen auch, dass sie unter dem täglichen Druck und im täglichen Chaos verloren gehen.

Es gibt eine gute Möglichkeit, diese Energie festzuhalten: Schaffen Sie sich einen Anker, indem Sie Ihre Rollenbeschreibung überarbeiten. Was fühlen Sie? Wie fühlt sich das an, wenn Sie an Ihre Rolle als Vater denken? Haben Sie in dieser Rolle das Gefühl, dass Sie etwas leisten als Mentor, als Anleiter oder gar als liebevoller Papa? Sagt Ihnen Ihr Bauchgefühl in Ihrer Rolle als Manager bei der Arbeit, dass Ihre größte Leistung an einem übervollen, geschäftigen Tag in erster Linie die eines Trainers, einer innovativen Führungskraft oder eines Personalentwicklers ist? Vermitteln diese Titel Ihnen mehr Energie, wenn Sie an sie denken? Motivieren sie Sie, bessere Entscheidungen zu treffen, um in dieser Rolle täglich Spitzenleistung zu zeigen? Wenn das so ist, sollten Sie Ihre Rolle so umbenennen, dass diese Gefühle in der neuen Bezeichnung zum Ausdruck kommen.

Cara könnte ihre Rollen beispielsweise wie folgt umbenennen.

Statt	könnte sie sagen
Projektmanagerin	Projektleiterin
Freundin	Treue Freundin
Mitbewohnerin	Unterstützerin
Fotografin	Visuelle Künstlerin
Tochter	Mutmacherin

Es kommt nicht darauf an, ob diese Titel anderen etwas sagen oder Eindruck auf sie machen; es geht vielmehr darum, dass diese neuen Bezeichnungen Sie selbst motivieren. Seien Sie also so kreativ, wie Sie möchten. Wenn es ein Wort, eine Wortkombination oder auch eine Abkürzung gibt, die für Sie Sinn ergibt und Sie stärker motiviert, dann dürfen Sie davon gern Gebrauch machen. Wenn der bestehende Titel bereits die nötige Leidenschaft in Ihnen hervorruft, gibt es keinen Grund, ihn zu ersetzen. Wichtig ist besonders eines: dass Sie einen Titel haben, der jene Leidenschaft und jene Zielvorstellung in Ihnen wachruft, die Ihnen die Kraft geben, in jeder Ihrer Rollen Ihren größtmöglichen Beitrag zu leisten.

Nehmen Sie sich ein paar Minuten Zeit und denken Sie über eine Ihrer Rollen ausführlich nach. Überlegen Sie sich gründlich, wie Erfolg in dieser Rolle aussehen könnte und wie sich das anfühlen würde. Finden Sie einen Rollentitel, der das einfängt. Wenn Sie möchten, verfahren Sie mit Ihren übrigen Rollen ebenso.

Formulieren Sie ein Q2-Rollenleitbild für jede Ihrer Rollen

Noch wirkungsvoller als ein Q2-Rollentitel ist die konkretere Vision, wie Erfolg in dieser Rolle aussehen würde; das beinhaltet auch die Art von Aktivitäten, mit denen Sie diesen Erfolg erzielen wollen. All das lässt sich in einem Q2-Rollenleitbild festhalten. Aufgrund der Arbeitsweise unseres Gehirns ist die Wahrscheinlichkeit, dass Ihr Leitbild Sie motiviert, Dinge zu tun, mit denen Sie seiner Verwirklichung näher kommen, umso größer, je konkreter und beschreibender Sie es abfassen.[12]

Das bedeutet im Prinzip, dass Sie für jede Rolle ein kurzes Leitbild formulieren, das die Ergebnisse, die Sie anstreben, und die wesentlichen Aktivitäten und Methoden beschreibt, mit denen Sie diese Ergebnisse erzielen wollen. An dieser Stelle geht es nicht um konkrete, messbare Resultate. Das kommt später. Hier suchen Sie nach einer Kombination aus Ergebnissen und Aktivitäten, die Ihnen für die späteren Ziele, Pläne und Entscheidungen Orientierung gibt.

Die folgende Formel könnte dabei hilfreich sein:

Als	werde ich	indem ich
Rollentitel	außergewöhnliche Ergebnisse	Aktivitäten

In seiner Rolle als Ehepartner beispielsweise, der er den neuen Titel »Katrinas bester Freund« gab, könnte Jan sagen:

Als	werde ich	indem ich
Katrinas bester Freund	eine bleibende, von Vertrauen, Sicherheit und wechselseitigem Entdecken gekennzeichnete Beziehung schaffen,	mich aktiv für ihre Ziele und Träume interessiere, mit ihr zusammen wertvolle Zeit verbringe und ihr volles Vertrauen erlange, was meine sämtlichen Aktivitäten und Beziehungen zu anderen Menschen betrifft.

Dieses Leitbild repräsentiert einen erheblichen Gedanken- und Energieeinsatz aus dem präfrontalen Cortex heraus. Es ist bewusst und zielorientiert. Jan hat sich die Zeit genommen, bedeutungsvoll und klar zu definieren, wie Erfolg in dieser Rolle für ihn aussieht. Daher werden seine Entscheidungen, wie er seine tägliche Zeit, Aufmerksamkeit und Energie nutzen will, künftig deutlich anders ausfallen.

Falls Jan im Rahmen seiner wöchentlichen und täglichen Q2-Planung konsequent und bewusst über dieses Leitbild nachdenkt – was nicht immer einfach, aber auf jeden Fall möglich ist (siehe die 3. Entscheidung) –, wird er mit großer Wahrscheinlichkeit die »bleibende, von Vertrauen, Sicherheit und wechselseitigem Entdecken gekennzeichnete Beziehung« erreichen, die er sich wünscht, und damit den Wert seines und Katrinas Lebens deutlich steigern.

Das folgende Beispiel kommt von Cara:

Als	werde ich	indem ich
Projektleiterin	ein Team aufbauen, das die Grenzen des Möglichen erweitert,	nach Punkten suche, an denen klare Prozesse und bessere Technologien die Kreativität unseres Teams entfesseln können, damit wir unseren Kunden überzeugendere Arbeit liefern können.

Auch Cara hat offenbar einige Gedankenarbeit in ihr Leitbild investiert. Die Endfassung ist vermutlich nicht mal eben in fünf Minuten entstanden. Dennoch überrascht es uns, wie häufig Menschen in der Lage sind, in kurzer Zeit ein Q2-Rollenleitbild zu entwerfen, das tatsächlich die Essenz dessen einfängt, was sie erreichen wollen. Das ist nur möglich, weil diese Leitbilder etwas beschreiben, das die Menschen bestmöglich kennen – ihr eigenes Leben!

Aber selbst diese Versionen sind noch nicht endgültig. Unsere wichtigsten gegenwärtigen Rollen sind dynamisch; sie unterliegen einem ständigen Wandel. Der Vater oder die Mutter eines heute dreijährigen Sohnes wird ein ganz anderes Rollenleitbild formulieren, sobald aus diesem Sohn ein Jugendlicher oder selbst wieder ein Vater geworden ist.

Diese Rollenleitbilder sind nicht dazu da, in einem Regal zu verstauben oder in einem Buch zu verschwinden, um sie nur einmal im Jahr zu überprüfen. Ein Q2-Rollenleitbild ist ein lebendiges, atmendes Dokument Ihres Lebens. Es fängt ein, was für Sie heute wichtig ist und was sich für Sie heute wie eine Errungenschaft anfühlt. Je mehr Sie sich mit diesem Leitbild befassen, sich von ihm anregen lassen, an ihm feilen und es umsetzen, desto eher wird Ihr Gehirn die Klarheit und die Anker besitzen, um die richtigen Entscheidungen zu treffen, damit Sie sich jeden Tag mit den wichtigsten Dinge befassen können.

Dazu braucht es lediglich ein wenig Zeit, in der Sie Ihr reaktives Gehirn ruhigstellen, Ihr denkendes Gehirn anschalten und sich fragen, was in jeder dieser für Sie wichtigsten Rollen in Ihrem Leben genau jetzt am meisten zählt. Seien Sie in diesen Momenten empfänglich für die intuitiven Gedanken, Gefühle und potenziellen Einsichten, die Sie bezüglich jeder Rolle haben werden.

Machen Sie sich diese Q2-Rollenleitbilder zu eigen

Nehmen Sie sich die Zeit, diese Leitbilder zu formulieren; das bietet Ihnen die Möglichkeit, die Erwartungen an sich selbst, die Sie vermutlich schon länger im Verborgenen hegen, an die Oberfläche zu bringen. Außerdem können Sie sich mit Erwartungen auseinandersetzen, die möglicherweise nicht von Ihnen stammen und bei genauerer Betrachtung auch nichts mit Ihrem Leben zu tun haben. Denken Sie daran: Uns interessiert nicht, was andere unter »außergewöhnlich« verstehen. Es geht um Ihre eigene Definition. Ihr Q2-Rollenleitbild sollte dem unverwechselbaren Kontext Ihres eigenen Lebens entspringen.

Als Michaela sich die Zeit nahm, über ihre Rollen nachzudenken, befasste sie sich auch mit ihrer Rolle als Mutter. Die Beschäftigung mit der Frage: »Wie sieht eine außergewöhnliche Mutter aus?«, löste spontan Stress und Schuldgefühle bei ihr aus. Das war für sie schon immer ein wunder Punkt. Ihre eigene Mutter war in ihrer Kindheit und Jugend ständig zu Hause gewesen und hatte scheinbar immer alles richtig gemacht. So hatte Michaela hohe Rollenerwartungen entwickelt. Ihre Mutter hatte viel Zeit mit ihren Kindern verbracht, um ihnen bei den Hausaufgaben zu helfen, schulische Veranstaltungen zu besuchen, mit ihnen in den Park zu gehen und so weiter. Ihre Mutter war in ihrem Leben, so schien es ihr, auf geradezu perfekte Weise ständig präsent. Das Haus war immer sauber und alles hatte scheinbar seine beste Ordnung.

Was jedoch sie selbst betraf, so hatte Michaela das Gefühl, als reichten ihre Kräfte gerade, um irgendwie über die Runden zu kommen, indem sie versuchte, Beruf, Familie und andere Aufgaben unter einen Hut zu bringen. Ihr Haus erschien ihr die meiste Zeit wie das reinste Chaos, und sie hatte das Gefühl, dass ihre fünfjährige Tochter sie kaum kannte. Erst letzte Woche war sie von der Arbeit nach Hause gekommen, nur um erschrocken mit anzusehen, wie ihre Tochter sich weinend an die Kinderfrau klammerte, als diese nach Hause gehen wollte.

Als diese Gefühle in ihr aufwallten, war sie nahe daran, die Rolle zu überspringen. Aber dann sagte sie sich: »Moment mal! Wie sieht denn ›außergewöhnlich‹ in meiner Situation mit einer Tochter und in meiner Wirklichkeit aus?«

Als sie genauer darüber nachdachte, erkannte sie, das sie ihrem eigenen Leben eine ganze Reihe von Erwartungen übergestülpt hatte, die aus ganz anderen Umständen herrührten – nur um sich anschließend vorzuwerfen, dass sie diesen Erwartungen nicht gerecht wurde. Ihr wurde klar, wie wichtig ihr ihre Tochter war, und dass ein sauberes Haus nicht unbedingt Priorität hatte. Vielleicht gab es ja noch andere Möglichkeiten, wie sie vor und nach der Arbeit und an den Wochenenden Zeit mit ihrer Tochter verbringen konnte.

Als sich Michaela von dem Erfolgsbegriff freimachte, den sie unbewusst mit sich herumgetragen hatte, und damit begann, sich ihre eigene Definition von »außergewöhnlich« zurechtzulegen, fühlte sie sich mit einem Mal erleichtert und hoffnungsfroh.

Michaela ist mit dieser Erfahrung kein Einzelfall. Studien belegen, dass Frauen besonders anfällig dafür sind, sich von der Zahl der Rollen überfordert zu fühlen, denen sie in ihrem Leben aus ihrer Sicht gerecht werden müssen. Man spricht dann von Rollenüberlastung. Deshalb ist es wichtig, nicht nur jede einzelne Rolle unter die Lupe zu nehmen, sondern sich das Gesamtbild anzusehen.[13] Eine Frau meinte dazu: »Ein Mythos besagt, der Mensch könne alles haben. Das stimmt natürlich nicht. Aber wir können zumindest Zeit für die Dinge haben, die uns am wichtigsten sind.«[14]

Wie Sie eine Balance in Ihren Rollen schaffen

In unserer modernen technologiebestimmten Welt mit ihrem ständigen Verfügbarkeitsanspruch ist es besonders wichtig, einen Ausgleich zwischen unseren Rollen zu schaffen.

Über die Geräte, die wir alle mit uns herumtragen, sind wir ständig erreichbar – es ist, als stünde unsere Haustür immerzu offen. Andere können uns hören oder sogar sehen; sie können uns Tag und Nacht E-Mails und Textnachrichten schicken. Die einzigen Grenzen, die es noch gibt, sind die, die Sie selbst errichten und mit anderen aushandeln. Der Versuch, ein Gleichgewicht in unseren Rollen zu schaffen, wird dadurch unter Umständen massiv erschwert. Gleichzeitig jedoch können diese Technologien auch sehr befreiend sein, sobald wir eine klare Vorstellung davon haben, in welchem Verhältnis die wichtigsten Q2-Rollen in unserem Leben zueinander stehen.

Wissensarbeit ist eine sehr kreative Angelegenheit; es kann daher sehr wohl passieren, dass wir unsere besten Gedanken und Ideen morgens um fünf haben, während unsere Produktivität am frühen Nachmittag ihren Tiefpunkt erreicht. Menschen und Unternehmen, die sich auf diese Unterschiede einstellen, interessieren sich weniger für Präsenzzeiten im Büro als vielmehr für Ergebnisse. In manchen Unternehmen ist es völlig normal, wenn jemand am Mittwochnachmittag um zwei zu einer Radtour in den Bergen aufbricht, weil er dafür am Abend von sechs bis halb elf von zu Hause aus an einer internationalen Videoschaltung teilnehmen wird. Er erfüllt damit immer noch seine Rolle im Job, nimmt sich aber zugleich Zeit, auch seiner Rolle als gesundheitsbewusster und auf Fitness bedachter Mensch gerecht zu werden. Weil er klare Zielvorstellungen und Erwartungen hat, kann er darüber mit anderen verhandeln; weder empfindet er Schuldgefühle, wenn er sich in den Fahrradsattel schwingt, noch macht es ihm etwas aus, den Abend in der Telefonkonferenz zu verbringen.

In diesem Fall bedeutet Balance nicht, dass Sie einen Achtstundentag haben, den Sie dann, wenn Sie nach Hause gehen, hinter sich lassen. Es geht auch nicht um eine Art mechanische Waage, deren eine Waagschale (oder Rolle) notwendigerweise steigt, wenn die andere sinkt. Stellen Sie sich die Lebensbalance vielmehr wie die Darbietungen einer anmutigen Tänzerin oder eines geübten Kampfsportlers vor. In diesem Kontext ist Balance interaktiv und in ständiger Bewegung. Ihre Form verändert sich mit der Zeit – manchmal ist sie schnell und manchmal langsam, aber immer kreist sie um einen Mittelpunkt. Unser Ziel im Leben besteht nun darin, zwischen unseren verschiedenen Rollen eine harmonische Beziehung herzustellen, die uns sowohl im Augenblick als auch langfristig Erfüllung gibt und das Gefühl vermittelt, etwas zu leisten.

Nehmen Sie sich jetzt etwas Zeit und formulieren Sie für jede Ihrer Rollen ein Rollenleitbild. Sie dürfen dazu gern auf die kreativen Q2-Rollentitel zurückgreifen, die Sie zuvor bereits entworfen haben. Oder Sie denken sich bei dieser Gelegenheit kreative Titel aus. Manchmal reifen diese beiden Dinge gemeinsam. Zum Schluss sollten Sie für jede Ihrer Rollen einen Q2-Rollentitel sowie ein Q2-Rollenleitbild haben, das erstens beschreibt, welche Ergebnisse Sie anstreben, und Sie zweitens motiviert, diesen Weg auch tatsächlich zu gehen.

Machen Sie Ihre Rollen greifbar – setzen Sie sich Q2-Ziele

Um die Wahrscheinlichkeit zu erhöhen, dass Sie in Ihren derzeit wichtigsten Rollen Ihre Erfolgsvision verwirklichen werden, können Sie sich für jede Rolle ein oder mehrere sehr konkrete und messbare Q2-Ziele wählen.

Es gibt sehr viele Modelle, wie Sie sich Ziele setzen können. Sie haben vermutlich schon vom SMART-Modell (Ziele sollten spezifisch, messbar, akzeptiert, realistisch und terminiert sein) oder etwas Ähnlichem gehört.

Unsere Erfahrung mit Menschen und Unternehmen aus aller Welt, die ihre Ziele erreichen, hat uns gelehrt, dass sich Q2-Ziele am besten unter Zuhilfenahme folgender Formel formatieren lassen:

Von X nach Y bis Datum

Das bedeutet, dass Sie eine konkrete Veränderung (von X nach Y) in einer festgelegten Zeit (bis Datum) bewerkstelligen wollen.

Hier sind einige Beispiele:

- Ich werde bis zum 17. Juni 25 Kilogramm abnehmen.
- Wir werden unseren Umsatz bis zum 31. Dezember von 1 Million auf 1,8 Millionen Euro steigern.
- Ich werde meinen Vater ab sofort dreimal wöchentlich besuchen oder mich bei ihm melden.
- Ich werde meine private Sparquote bis zum 1. Januar von 15 auf 20 Prozent meines Einkommens erhöhen.

Manche Ziele lassen sich schwerer messen, wie beispielsweise die Verbesserung der Gefühle, die wir mit einer Beziehung verbinden, oder die Zufriedenheit mit der eigenen Karriere. Aber selbst hier können Sie mithilfe einer subjektiven Skala (sagen wir, von 1 bis 10) den aktuellen Stand ermitteln und den Fortschritt messen. Hier sind einige Beispiele:

- Das Vertrauen meines Partners oder meiner Partnerin in mich wird sich bis zum 31. März von einer 5 auf eine 8 verbessern.
- Meine subjektive Zufriedenheit mit meinem Job wird bis zum 17. Mai von 7 auf 9 steigen.
- Mein Selbstvertrauen vor großem Publikum wird bis zum 1. Februar von 2 auf 5 steigen.

In manchen Fällen können wir die Ziele schlicht dadurch messen, dass wir einen ehrlichen Blick in den Spiegel werfen, um zu sehen, wo wir gerade stehen. Andere Ziele, wie die Stärkung des Vertrauens, das unser Lebenspartner uns entgegenbringt, können wir messen, indem wir ihn einfach fragen.

Je konkreter und messbarer unsere Ziele sind, desto mehr befasst sich unser Gehirn damit und desto leichter können wir sie erreichen.

Sobald wir uns unsere Ziele gesetzt haben, können wir anfangen, konkrete Aktivitäten zu identifizieren, mit denen wir dorthin gelangen wollen (wie Sport und Diät zur Gewichtsabnahme oder geführte Telefonate für die Umsatzsteigerung). Dann können wir diese Aktivitäten Woche für Woche verwirklichen (darum geht es im nächsten Kapitel). Entscheidend ist, dass wir uns nicht zu viele Ziele setzen und dass wir sie eng mit der Vision und der Leidenschaft verknüpfen, die unsere Q2-Rollenleitbilder zum Ausdruck bringen. Heidi Halvorson, eine Koryphäe auf dem Gebiet der Zielverwirklichung, sagt:

> *»Häufig zögern wir, uns wirklich bedeutungsvolle und schwierige Ziele zu setzen. Aber weit über tausend Studien zeigen, dass Menschen, die sich schwierige und konkrete Ziele setzen, sehr viel erfolgreicher und zufriedener mit ihrem Leben sind als diejenigen, die lediglich sagen: ›Ich werde mein Bestes geben.‹«* [15]

Indem wir uns Q2-Ziele setzen, lenken wir zugleich unsere Aufmerksamkeit und Energie weg von den einen und hin zu anderen Dingen; daher ist es wichtig, dabei ebenso sorgfältig und bewusst vorzugehen wie schon bei der Formulierung unserer Q2-Rollenleitbilder. So stellen wir sicher, dass inmitten all der übrigen Dinge, die gerade auf unserem Plan stehen, das Ergebnis die Mühe wert sein wird.

Die Macht der Sinngebung

In diesem Kapitel haben wir darüber gesprochen, wie wichtig es ist, Q2-Rollen und -Ziele zu formulieren, an denen wir uns bei unseren Entscheidungen tagaus tagein orientieren können. Diese Strukturen helfen unserem Gehirn bei der Entscheidung, auf welche Dinge wir unsere Aufmerksamkeit und unsere Energie lenken wollen, um den größtmöglichen Wert zu schaffen.

Indem wir uns Klarheit über unsere Rollen und Ziele verschaffen, stellen wir nicht nur eine Verbindung zu den Motivationszentren unseres Gehirns her, sondern auch zu unserer Vorstellung vom Sinn und Zweck des Lebens überhaupt. Innerhalb unserer Rollen spielen sich unsere wichtigsten Beziehungen, unsere größten Freuden, unsere höchsten Leistungen und größten Hoffnungen ab. Hier schlägt unser Herz, hier lebt unsere Seele. Wie Daniel Pink sagt:

> »*In der Berufswelt beschränken wir uns häufig auf die Frage nach dem Wie – ›Wie geht das? Wie mache ich das?‹. Nur selten sprechen wir über das Warum – ›Warum mache ich das eigentlich?‹. Aber häufig fällt es uns schwer, Außergewöhnliches zu leisten, solange wir die Gründe nicht kennen, warum wir das machen.*«[16]

Die Q2-Zeit, die Sie sich nehmen, um gründlicher über Ihre Q2-Rollen und -Ziele nachzudenken, wird Ihnen helfen, diese tieferen Motivations- und Leistungsquellen für sich zu erschließen.

Einfache Schritte für den Anfang

Sie können mit der Umsetzung der Prinzipien und Verhaltensweisen der 2. Entscheidung – nach Außergewöhnlichem streben; sich nicht mit Mittelmaß zufriedengeben – beginnen, indem Sie einen oder mehrere der folgenden einfachen Schritte unternehmen. Wählen Sie aus, was Ihnen am meisten zusagt.

- Gewinnen Sie Klarheit, indem Sie Ihre wichtigsten Rollen identifizieren und in einem Lebensrad festhalten (siehe Seite 67).
- Machen Sie die Übung mit dem Spinnennetzdiagramm, um zu ermitteln, wo Sie in Bezug auf Ihre Rollen stehen. Feiern Sie die Bereiche, in denen Sie erfolgreich sind (siehe Seite 71)!
- Suchen Sie sich eine wichtige Rolle aus, für die Sie möglicherweise Feedback brauchen, und befragen Sie geeignete Personen.
- Suchen Sie sich eine Rolle aus und skizzieren Sie ein Q2-Rollenleitbild. Verzichten Sie auf Perfektion. Schauen Sie nach ein oder zwei Tagen, ob Sie mit Ihrem Rollenleitbild immer noch einverstanden sind. Ergänzen oder korrigieren Sie es.
- Wählen Sie ein Ziel, das Ihnen gefühlsmäßig wichtig erscheint, und bringen Sie es in die »Von X nach Y bis Datum«-Form.

- Außergewöhnliche Produktivität bedeutet, dass Sie jeden Abend zufrieden und mit dem Gefühl zu Bett gehen, etwas geleistet zu haben.

- Mit der Identifizierung der wichtigsten Rollen, die wir gegenwärtig in unserem Leben spielen, schaffen wir die Grundlage für Balance, Motivation und Erfüllung.

- Indem wir unsere Motivation in Q2-Rollentiteln und Q2-Rollen-statements festhalten, stärken wir unsere Fähigkeit, gute Entscheidungen darüber zu treffen, wo wir im Alltag unsere Zeit und unsere Energie investieren wollen.

- Eine ehrliche Bestandsaufnahme unserer Rollenperformance kann uns helfen, aus unseren Rollen das Beste herauszuholen.

- Die Formulierung konkreter Q2-Ziele hilft uns, unser Gehirn in die produktivste Bahn zu lenken.

Aufmerksamkeits-
management

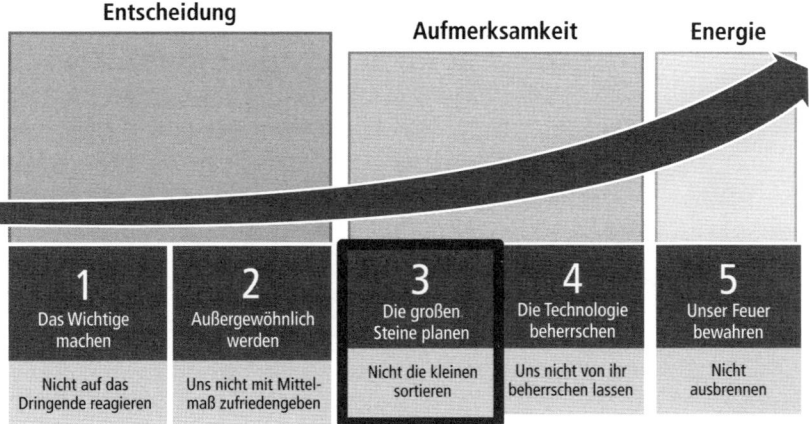

Die 3. Entscheidung:
Die großen Steine planen; nicht
die kleinen sortieren

»Die knappste Ressource ist die menschliche Aufmerksamkeit. …
Das Wissen darum, wie Aufmerksamkeit funktioniert
und wie man sie lenkt, ist heute die wichtigste Voraussetzung
für wirtschaftlichen Erfolg.«
THOMAS DAVENPORT & JOHN C. BECK[17]

Es ist eine Sache, sich gedanklich klarzumachen, was wichtig ist, und
eine ganz andere, dieses Wissen auch umzusetzen. Ohne robuste Planung und ohne geeignete Prozesse zur Umsetzung dessen, was wichtig
ist, bleiben Q2-Rollenleitbilder und Q2-Ziele am Ende nur Wunschdenken.

Die 1. und die 2. Entscheidung betrafen die Frage, wo wir unsere Aufmerksamkeit und Energie investieren wollen. Bei der 3. und
4. Entscheidung geht es nun darum, wie wir unsere Aufmerksamkeit
auf unser Ziel gerichtet halten und sicherstellen, dass wir den Tag mit
dem Gefühl beenden, etwas geleistet zu haben.

Die großen Steine und der Kies

In diesem Bild stehen die großen Steine für das Wichtige, die
Q2-Prioritäten in unserem Leben – Zeit, die wir in zentrale Beziehungen und Verantwortlichkeiten, wichtige Projekte, entscheidende Sitzungen und so weiter investieren. Das sind die Aktivitäten, die sich aus

unseren Q2-Rollenleitbildern und Q2-Zielen ableiten. Sie bilden den Gegensatz zum Kies, der all die kleinen Dinge repräsentiert, die unser Leben füllen – E-Mails, Telefongespräche, Wäschewaschen, nicht ganz so wichtige Dinge und so weiter. Diese Dinge rauben den großen Brocken Zeit und Aufmerksamkeit.

Angenommen, der Eimer auf der Abbildung stellt Ihr Leben dar. Welches Bild vermittelt Ihnen eher das Gefühl, etwas geleistet zu haben?

Wenn Sie das linke Bild wählen, kommen Sie möglicherweise in Schwierigkeiten, denn hier füllen Sie erst all die kleinen Dinge ein und versuchen erst danach, auch noch für die wichtigen Dinge Platz zu schaffen.

In der heutigen Welt mit ihrem unendlichen Vorrat an Kies kann diese Methode einfach nicht funktionieren. Anstelle eines kleinen Kieshaufens finden wir zu Tagesbeginn scheinbar ganze Lastwagen voller Kies vor unserer Haustür vor, die nur darauf warten, ihre Ladung über unser Leben zu ergießen.

Wenn Sie hingegen die rechte Lösung wählen, sind Sie schon längst dabei, die zentrale Idee der 3. Entscheidung umzusetzen. Sie besagt, dass Sie dann am produktivsten sind, wenn Sie zuerst die wichtigsten Dinge in Ihrem Leben unterbringen, um anschließend etwas von dem unvermeidlichen Kies auf die Zwischenräume zu verteilen.

Das Wichtigste, was Sie im Zusammenhang mit der 3. Entscheidung verstehen müssen: dass Sie niemals zum Ziel kommen, solange Sie lediglich versuchen, sich schneller durch den Kies zu graben. Das ist ein Kampf, den Sie nur verlieren können. Vielmehr müssen Sie entscheiden, was für Sie das Wichtigste ist (1. und 2. Entscheidung), und Ihre Wochen und Tage dann so planen, dass Sie Ihre wertvolle Aufmerksamkeit und Energie zuerst auf diese wichtigen Dinge konzentrieren können (3. Entscheidung).

Das kann nur funktionieren, wenn Sie bewusst auf die kleinen Dinge verzichten. Das dürfen Sie! Bei vielem handelt es sich in Wahrheit um Q3-Aktivitäten, zu denen Sie keiner zwingt und die Sie lediglich davon abhalten, sich intensiver mit Ihren Q2-Aktivitäten zu beschäftigen. Sie können ohne Weiteres selbst beschließen, einen Teil des Kieses, wie auf dem Bild dargestellt, außen vor zu lassen.

Im klassischen Zeitmanagement lautete die Botschaft: Jeder hat gleich viel Zeit, aber manche Menschen schaffen es, darin mehr unterzubringen als andere. Und das sind dann die produktivsten Menschen.

Unter den heutigen Bedingungen bedeutet wahre Produktivität nicht, dass wir mehr tun, sondern dass wir das Richtige tun, und zwar in bester Qualität. Es geht also nicht darum, mehr mit weniger zu erreichen, sondern aus weniger Dingen mehr zu machen. Dazu müssen wir unsere allerbeste Aufmerksamkeit und Energie auf die wichtigen Dinge konzentrieren, die wirklich von Bedeutung sind – und das inmitten all der unvermeidlichen Kieselsteine, die sich über unser Leben zu ergießen drohen.

Wir werden Ihnen nun die wichtigsten Prinzipien und Vorgehensweisen der Q2-Planung vorstellen – alles, was Sie benötigen, um die wichtigen Dinge auch tatsächlich umzusetzen.

Ein entscheidendes Vorplanungswerkzeug: die zentrale Aufgabenliste

Bevor wir in die Q2-Planung selbst einsteigen, müssen wir noch kurz bei einem äußerst wichtigen Instrument verweilen – der zentralen Aufgabenliste, auch Hauptaufgabenliste genannt.

Verfügen Sie bereits über eine Aufgabenliste? Sind es gar zwei oder mehr? Oder notieren Sie sich wichtige Aufgaben auf beliebigen Zetteln, die Ihnen gerade in die Hände fallen, um sie anschließend in

Ihre Akten- oder Brieftasche zu stopfen, in der Hoffnung, sie später wiederzufinden? (Seien Sie ehrlich!) Wenn Sie auf diversen Listen und Zetteln, die sich über den ganzen Raum verteilen, nach wichtigen Informationen suchen müssen, in welchem Quadranten befinden Sie sich dann?

Im 21. Jahrhundert ist die zentrale Aufgabenliste vermutlich eines der wichtigsten Werkzeuge, um unsere Aufmerksamkeit auf den 2. Quadranten zu konzentrieren. Bei richtigem Gebrauch kann eine zentrale Aufgabenliste ebenfalls dazu dienen, die gesamten neuen Informationen und Anforderungen so zu filtern und zu strukturieren, dass wir stets alle Energie in unsere wichtigsten Prioritäten investieren.

Die zentrale Aufgabenliste bietet uns ein verlässliches einheitliches Trackingsystem, dem wir die Dinge anvertrauen können, damit sie aus unserem Kopf verschwinden und wir uns nicht weiter damit beschäftigen müssen. Wenn wir dann unsere Q2-Planung machen, können wir uns an dieser zentralen Aufgabenliste orientieren, in der Gewissheit, dass alles Wichtige, was es zu bedenken gilt, darin enthalten ist.

Die Grundregel für den Einsatz der zentralen Aufgabenliste lautet: Wenn uns etwas begegnet, das möglicherweise ein Handeln von unserer Seite erfordert, landet es entweder im Papierkorb oder auf dieser Liste, nicht aber in unserem Kopf. Das bedeutet, dass wir sofort eine Auswahl treffen, wie wir verfahren wollen, anstatt die offene Frage weiter in unserem Bewusstsein mit uns herumzutragen, wo sie wertvolle Gehirnzellen belegt. Die Zeit-Matrix™ hilft uns, diese Entscheidungen zu treffen. Konkret heißt das:

- **Q3- und Q4-Aktivitäten landen im Papierkorb.** Laut Definition sind Q3- und Q4-Aktivitäten nicht wichtig. Wenn also etwas Q3 oder Q4 ist, können Sie es getrost entsorgen. Auf diese Weise schützen Sie sich erfolgreich vor Kieselsteinen, die andernfalls Ihren Tag füllen würden. Beglückwünschen Sie sich dafür, damit Ihr Kopf weiß, dass Sie das Richtige getan haben, und fahren Sie mit Ihrer aktuellen Beschäftigung fort.
- **Q2- und Q1-Aktivitäten kommen auf die Liste.** Wenn etwas Q2 ist oder gar Q1, gehört es auf die Liste. Damit dokumentieren Sie Ihre Entscheidung, der betreffenden Sache später Zeit und Aufmerksamkeit zu widmen, und können sich weiter auf das konzentrieren, was Sie gerade tun. Sie verbannen es sozusagen aus Ihrem Kopf. Indem Sie es notieren, erhöhen Sie die Wahrscheinlichkeit,

dass Sie es später ausführen, und können sich beruhigt weiter auf wichtigere Dinge konzentrieren.

Später, wenn Sie Ihre Liste wieder hervorholen und mit der Planung beginnen, sollten Sie bedenken, dass nicht alles, was Ihnen zunächst wichtig erschien, jetzt immer noch wichtig ist. Fühlen Sie sich also nicht an die Liste gebunden. Sie können Dinge, die nicht mehr wichtig sind, noch immer in den Papierkorb werfen.

Wenn Sie nicht sicher sind, ob etwas in den Papierkorb oder auf die Liste gehört, können Sie sich fragen:

- Notiere ich hier gerade eine Q3-Aktivität?
- Biete ich mich hier womöglich freiwillig für eine Aufgabe an, die in den Zuständigkeitsbereich eines anderen gehört?
- Notiere ich hier gerade eine Q1-Aktivität zum fünften Mal, weil ich es nicht schaffe, ihrem Auftreten endlich vorzubeugen? (In diesem Fall sollten Sie eine weitere Q2-Aktivität in die Liste aufnehmen, die die zukünftige Wiederholung der Q1-Aktivität erübrigt.)
- Notiere ich hier gerade etwas, das ich an eine andere Person delegieren sollte? (In diesem Fall könnten Sie die Aufgabe abändern, sodass daraus die Aufgabe wird, sie zu delegieren.)

Mit der zentralen Aufgabenliste haben Sie die Möglichkeit, anhand der Zeit-Matrix™ zu entscheiden, ob Sie sich mit einer Aufgabe überhaupt abgeben wollen oder nicht. Wenn die Antwort nein lautet, wandert die Aufgabe in den Papierkorb. Lautet sie ja, kommt sie auf die Liste.

Sie sollten allerdings nicht einfach alles auf die Liste setzen, nur um den Kopf freizubekommen. So würde daraus lediglich ein Kiesbecken. Wenn Sie sich dafür entscheiden, etwas nicht auf die Liste zu setzen, ist das stets eine gut getroffene Entscheidung. Sie steht für den Entschluss, sich auf die großen Steine zu konzentrieren – Ihre Q2-Rollen und -Ziele.

Wenn Sie nicht sicher sind, ob etwas wichtig ist oder zusätzliche Zeit für die korrekte Einordnung erfordert, setzen Sie es auf die Liste, aber nehmen Sie das nicht als Vorwand dafür, nicht gleich alles auszufiltern, was definitiv nicht auf die Liste gehört.

Ohne eine zentrale Aufgabenliste haben Sie vermutlich mehr schlaflose Nächte, in denen Ihnen in einer Endlosschleife all die Dinge durch den Kopf gehen, die Sie noch tun müssen und die Sie nicht notiert haben. Zusätzliches Unbehagen bereitet Ihnen die Vorstellung, dass am nächsten Tag eine neue Flut von Entscheidungen und Ansinnen auf Sie einströmen wird und dass Sie nicht mehr wissen, wohin damit. Indem Sie die Dinge im Kopf und nicht auf einer Liste hinterlegen, verringern Sie den Arbeitsspeicher Ihres Gedächtnisses, mit dem Sie sich auf wichtigere Dinge konzentrieren können.

Nachdem wir uns mit dem Grundprinzip der zentralen Aufgabenliste vertraut gemacht haben, können wir uns anschauen, welche Rolle sie für unsere Q2-Planung spielt.

Q2-Planung und das 30/10-Versprechen

Wir wollen Ihnen ein Versprechen geben: Wenn Sie jede Woche 30 Minuten und jeden Tag zusätzlich zehn Minuten mit der Q2-Planung verbringen, wird es Ihnen immer besser gelingen, Ihren Tag so zu gestalten, dass Sie abends mit dem Gefühl ins Bett gehen, etwas geleistet zu haben. Sie werden diese Fähigkeit dramatisch verbessern. Die wenige Zeit genügt, damit Sie alle übrigen Stunden und Minuten des Tages ganz anders angehen. Heidi Halvorson schreibt dazu:

> »Die Planung erweist sich als eine der effektivsten Strategien schlechthin, um Ziele welcher Art auch immer zu erreichen. Wer richtig plant, kann seine Erfolgsquote im Schnitt um 200 bis 300 Prozent erhöhen.«[18]

Q2-Planung heißt: Wir nehmen uns die Zeit und die Ruhe, um mit der Kraft unseres denkenden Gehirns bewusst und zielgerichtet zuerst die großen Steine in unsere Wochen und Tage zu füllen; so versichern wir uns, dass der vorhandene Platz für sie auf jeden Fall ausreicht.

Wofür benötigen wir die wöchentlichen 30 Minuten? Wir brauchen ein paar Minuten, bis wir in der richtigen Verfassung für unsere Vorhaben sind. Andernfalls besteht die Gefahr, dass wir mit dem reaktiven Gehirn arbeiten und uns von diesem verleiten lassen, dringende Dinge in den Plan aufzunehmen – statt auf das denkende Gehirn zu hören und unseren Plan von den wichtigsten Dingen her aufzuziehen.

Lassen Sie sich bewusst Zeit, bis sich der Lärm gelegt hat und Sie zur inneren Ruhe finden, um anschließend in einer besseren Verfassung mit der Planung zu beginnen. Dann wird es sich für Sie ganz anders anfühlen, wenn Sie sich fragen: »Was ist mir am wichtigsten?« Ihre Antworten werden viel klarer und exakter ausfallen.

Mit den Worten des buddhistischen Mönchs und Philosophen (in Sachen Meditation und Neurowissenschaft) Tenzin Priyadarshi:

> *»Wo keine Ruhe ist, ist keine Stille. Und wo keine Stille ist, ist keine Erkenntnis. Und wo keine Erkenntnis ist, ist keine Klarheit.«*[19]

Sie müssen nicht das Nirwana erreichen, um sich mit der Q2-Planung zu beschäftigen, aber ein wenig Besonnenheit wird Ihnen helfen, Einsicht und Klarheit zu gewinnen – und dann werden die großen Steine in Ihrem Leben nicht unter dem Kies begraben.

Q2-Zeitblöcke

Es gibt eine gute Übung, mit der wir uns auf die erfolgreiche wöchentliche und tägliche Q2-Planung vorbereiten können: Wir schaffen uns Q2-Zeitblöcke. Das sind aktiv geplante Zeitblöcke, die dem Schutz unserer Q2-Aktivitäten dienen.

Das Gute an den Q2-Zeitblöcken ist, dass wir sie im Voraus planen können, entweder als wiederholte Aktivitäten oder als Einmalereignisse, sodass in jeder neuen Woche immer schon etwas Q2-Zeit auf uns wartet.

Hier sind einige Beispiele:

- Cara möchte morgens gerne Sport treiben und könnte sich deshalb täglich von halb sieben bis halb acht Zeit für ihr Yoga-Programm im Wohnzimmer reservieren. Sie kann sich das als regelmäßigen Termin in ihren elektronischen Kalender eintragen. In einer Studie stellte sich heraus, dass allein das Festlegen einer konkreten Zeit und eines konkreten Ortes genügen, um die Wahrscheinlichkeit, dass wir unser sportliches Vorhaben auch tatsächlich umsetzen, von 32 Prozent auf 91 Prozent zu erhöhen.[20]
- Wenn Jan morgens am besten denken kann, könnte er dafür täglich oder an bestimmten Wochentagen ein oder zwei Stunden reservieren. Dann könnte er am Nachmittag etwas Zeit für

Besprechungen einplanen, damit auch sie ihren Platz haben und seiner morgendlichen Denkzeit nicht in die Quere kommen.

- Wenn Sarah sichergehen will, dass sie jede Woche Zeit mit ihrem Mann verbringen kann, könnte sie die Freitagabende als einen regelmäßigen Termin eintragen.
- Burkhard – ein Mann in leitender Position und mit einem dichten und häufig nicht vorhersehbaren Reisefahrplan – könnte für mehrere Monate im Voraus Zeiten festlegen, die für Reisen zur Verfügung stehen, und andere, die beispielsweise für Familienferien reserviert sind – mit Ausnahme dringender Notfälle.

Sobald Jan seine regelmäßigen Q2-Zeitblöcke festgelegt hat, könnte seine Woche so aussehen:

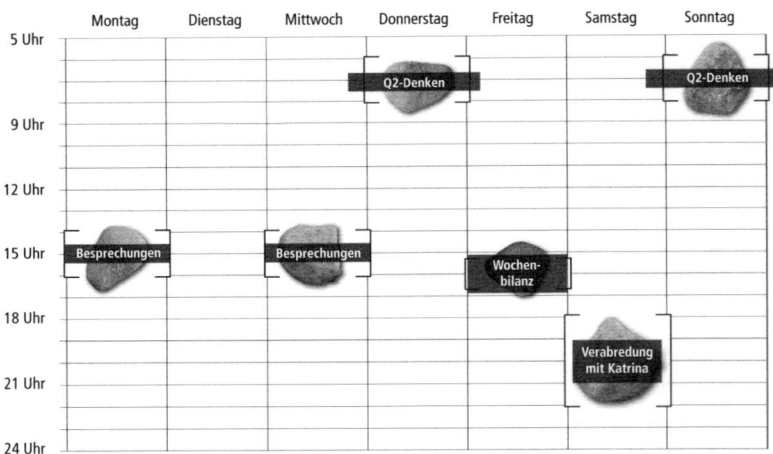

Wöchentliche Q2-Planung

Sobald Sie Ihre zentrale Aufgabenliste erstellt und Ihre Q2-Zeiten festgelegt haben, können Sie Ihre Woche planen. Suchen Sie sich ein ruhiges Plätzchen und nehmen Sie sich mindestens 30 Minuten Zeit, bevor die Woche angefangen hat:

- **Überprüfen Sie Ihre Rollen und Ziele.** Besinnen Sie sich auf Ihre Lebensvision, die Sie mit Ihren Q2-Rollenleitbildern und Ihren Q2-Zielen eingefangen haben. Lassen Sie diesen Schritt nicht aus. Er hilft Ihnen, Ihre tiefste Leidenschaft und Ihre höchste Motivation neu zu entfachen. Wenn Sie sich darauf nicht regelmäßig besinnen, geraten Sie leicht in die Mühlen des Alltags, mit der Folge, dass diese Vision in den Tiefen Ihres Gedächtnisses verblasst, während Ihr Gehirn damit beschäftigt ist, der ständigen Flut von Aufgaben und Anforderungen standzuhalten. Sorgen Sie also dafür, dass Sie Ihre Rollenleitbilder und Ziele stets in einem zugänglichen Format griffbereit haben.

  Die neurologische Wahrheit lautet, dass wir nur dann wirklich produktiv sind, wenn sich unsere Vision buchstäblich im oberen Teil des Kopfes befindet – im denkenden Gehirn, mit dessen Hilfe wir entscheiden, welche der beständig eintreffenden Dinge wichtig genug sind, um unsere Zeit, Aufmerksamkeit und Energie zu verdienen.

- **Planen Sie die großen Steine.** Sobald Sie sich auf Ihre Rollen und Ziele besonnen haben, sollten Sie sich etwas Zeit nehmen, um Ihre zentrale Aufgabenliste durchzulesen und sich anschließend die Große-Steine-Frage zu stellen:

  Was sind die ein oder zwei wichtigsten Dinge, die ich in dieser Rolle in dieser Woche tun kann?

  Wenn Sie sich diese Frage bezüglich jeder Rolle stellen, die Sie im Leben spielen, werden die Antworten sowohl aus Ihrem Bauch heraus als auch aus Ihrem Kopf kommen. Manches mag auf der Hand liegen, wie das große Projekt, das diese Woche fertiggestellt werden muss. Anderes ist vielleicht weniger offensichtlich und erfordert ein feineres Urteilsvermögen, beispielsweise etwas, das Sie für eine wichtige Beziehung tun können, oder Vorbereitungen, die sich positiv auf die zu erwartenden Ergebnisse einer Sitzung später in der Woche auswirken könnten.

  Alles, was sich in Ihrem Leben abspielt, ist irgendwo in Ihrem Gehirn vertreten. Sie sollten sich immer wieder die Zeit nehmen, auf die subtileren Gefühle zu hören, die Sie möglicherweise mit diesen Dingen verbinden – sonst kann es leicht passieren, dass Sie es versäumen, Ihre Zeit und Aufmerksamkeit in der anstehenden Woche dort zu investieren, wo es sich möglicherweise am meisten lohnen würde. Bedenken Sie, dass einige dieser Aktivitäten unter Umständen niemals den Weg in Ihre zentrale Aufgabenliste gefunden haben. Normalerweise haben diese feinen Signale im Lärm und in der Betriebsamkeit des Alltags kaum eine Chance, bis zu Ihrem Bewusstsein vorzudringen. Indem Sie sich jedoch ein stilles Plätzchen suchen und sich auf Ihre Q2-Rollen und -Ziele besinnen, wird Ihnen möglicherweise bewusst, wo sich Ihre Zeit-, Aufmerksamkeits- und Energieinvestition am meisten bezahlt machen wird. Sobald Sie hier einen Kandidaten ausfindig gemacht haben, der noch dazu wichtig genug ist, können Sie ihn auch gleich auf Ihre zentrale Aufgabenliste setzen.

Sobald Sie wissen, welche die wichtigsten Aktivitäten für diese Woche sind, können Sie diese großen Steine in Ihrem Kalender eintragen!

Es lohnt sich, für die Dinge, die wir tun wollen, konkrete Termine festzulegen, anstatt sie lediglich auf die Liste für den Tag zu setzen. Aus der allgemeinen Aufgabenliste wird sonst viel zu leicht eine reine Wunschliste, mit dem Erfolg, dass wir die Dinge, zu denen wir am Schluss nicht mehr kommen, von einem Tag auf den nächsten verschieben, ohne dass es uns in der Sache weiterbringt.

Indem wir für die Dinge, die wir tun wollen, Zeitpunkt und Ort festlegen, gehen wir eine höhere Verpflichtung ein und erhöhen die Wahrscheinlichkeit, dass wir unseren Plan auch umsetzen, um ein Vielfaches. Der konkrete Zeitpunkt veranlasst unser Gehirn dazu, aktiv zu werden, sobald der Zeitpunkt gekommen ist. So können wir unser Vorhaben auch leichter gegen Q3-Ablenkungen verteidigen, beispielsweise, wenn jemand überraschend in Ihrem Büro vorbeischaut, weil in Ihrem Kalender ja nichts eingetragen ist.

Wenn Sie Ihre Woche planen, sollten Sie nur im Notfall etwas auf die Tagesaufgabenliste setzen – nämlich dann, wenn Sie wirklich nicht sicher sind, wann der Zeitpunkt dafür gekommen ist und ob er überhaupt kommt. Wenn Sie etwas tun wollen, ist es fast immer besser, dafür einen konkreten Zeitpunkt im Tagesverlauf festzulegen.

Von den großen Steinen sollten Sie für jede Rolle nur die ein oder zwei wichtigsten berücksichtigen. Sie können ja doch nur eine begrenzte Menge an Aufgaben erledigen, und so sollten Sie die Messlatte hoch legen und nur die Dinge einplanen, auf die es wirklich ankommt. So erhöhen Sie die Wahrscheinlichkeit, dass Sie Ihren

Plan in der rauen Wirklichkeit der anstehenden Woche wirklich umsetzen können.

- **Organisieren Sie den Rest.** Nachdem Sie die großen Steine gut untergebracht haben, können Sie andere wichtige Dinge im Kalender eintragen, die ebenfalls getan werden müssen (selbst einigen Kies) – Dinge, die nicht überlebenswichtig sind, um die sich aber dennoch jemand kümmern muss, wie beispielsweise die Wäsche!

Diese drei Schritte der wöchentlichen Q2-Planung gewährleisten, dass Ihre Woche wie der produktive und nicht wie der unproduktive Eimer aussieht.

Eine typische kiesgefüllte Woche von Cara könnte zuvor so ausgesehen haben:

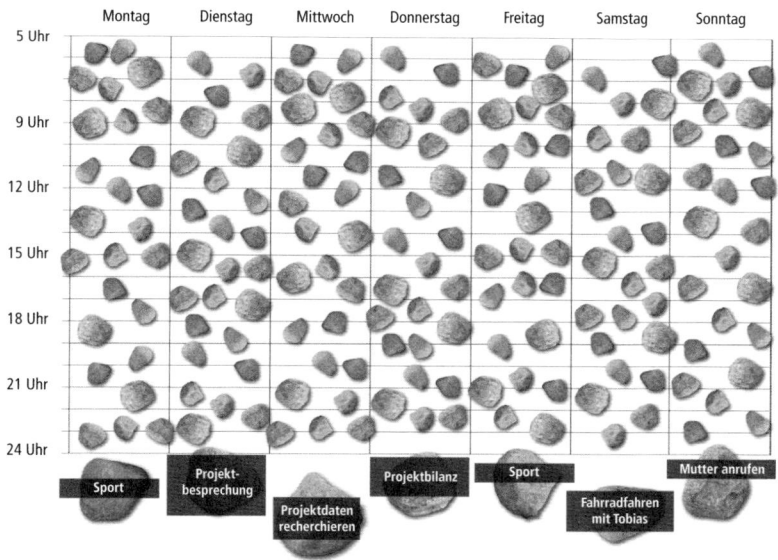

Hätte sich Cara mit etwas Q2-Planung befasst, hätte ihre Woche am Ende möglicherweise eher so ausgesehen:

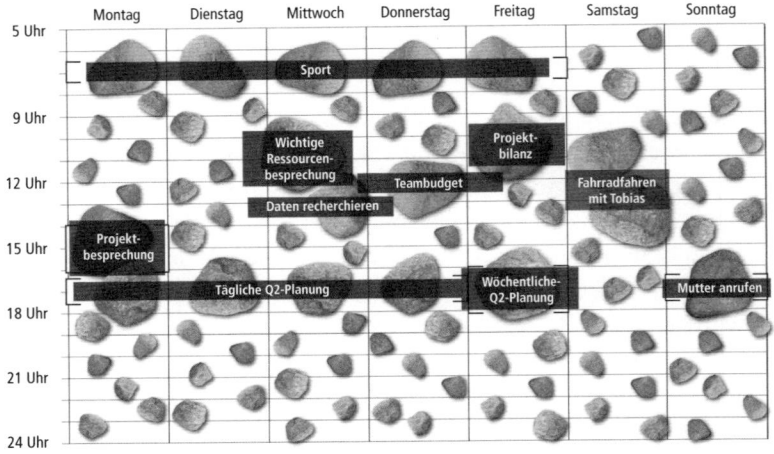

Die tägliche Q2-Planung

Wir wissen natürlich alle, dass das Leben sich selten nach Plan entwickelt. So müssen wir unseren Wochenplan im Lauf der Woche immer wieder an die tatsächlichen Gebenheiten anpassen. Kies macht sich breit, Q1-Krisen treten auf und auch unsere Q2-Prioritäten können sich ändern. Sie müssen also bewusst und zielorientiert Ihre Tagesplanung so justieren, dass Sie auf die eine oder andere Weise dazu kommen, Ihre wichtigen Prioritäten umzusetzen.

Um den nächsten Tag zu planen, sollten Sie sich am Abend davor einen ruhigen Ort suchen und mindestens zehn Minuten Rückschau auf den vergangenen Tag halten:

1. **Schließen Sie den Tag ab.** Blicken Sie zurück auf die Aufgaben und Termine, die Sie für den Tag geplant hatten. Haben Sie alles erledigt? Wenn nicht, dann verschieben Sie die nicht erledigten Dinge auf einen späteren Zeitpunkt in Ihrem Kalender, löschen Sie sie, wenn sie nicht länger wichtig sind, oder lassen Sie sie auf der zentralen Aufgabenliste stehen und nehmen Sie eventuell erforderliche Anpassungen an Fälligkeitsdaten und ähnliche Details vor. Die Idee dahinter ist, dass Sie sich selbst über jeden Tag Rechenschaft ablegen. Kontrollieren Sie, ob Sie sich auch wirklich auf das Wichtigste

konzentriert haben, aber kümmern Sie sich auch gebührend um die Dinge, die Sie zurückgestellt oder verschoben haben.

Außerdem sollten Sie etwas tun, das wir als »das Gold einfangen« bezeichnen. Im Verlauf des Tages sind Ihnen vermutlich die einen oder anderen Informationen, neuen Aufgaben, Erkenntnisse oder Ideen begegnet. »Das Gold einfangen« bedeutet: Sie sorgen dafür, dass diese Informationen an den richtigen Ort gelangen, wo Sie später wieder darauf zugreifen können. Idealerweise erledigen Sie das sofort (indem Sie beispielsweise Ihrer zentralen Aufgabenliste einen Eintrag hinzufügen), aber wenn das noch nicht geschehen ist, sollten Sie es nun am Abend nachholen.

2. **Identifizieren Sie die wenigen Dinge, die auf jeden Fall erledigt werden müssen.** Fragen Sie sich: »Welche Dinge sind ein absolutes Muss?« Diese Dinge sind so wichtig, dass Sie vermutlich abends nicht ruhig schlafen können, bevor Sie sie nicht erledigt haben. Normalerweise bringt Sie diese Frage zurück zu Ihren großen Steinen, aber möglicherweise sind auch einige Q1-Aktivitäten dabei, die sich nicht vermeiden lassen.

3. **Organisieren Sie den Rest.** Organisieren Sie alles Übrige darum herum.

Um diese drei Schritte können Sie sich am Ende des gerade abgelaufenen Tages oder am Morgen des nächsten Tages kümmern.

Wer es am Ende des Tages macht, verspricht sich davon in der Regel einen entspannteren Abend und eine bessere Nacht. Er weiß dann, dass er alles bedacht hat und sich jedes Ding am richtigen Platz befindet. Er kann besser schlafen, weil ihm nicht lauter unerledigte Dinge durch den Kopf schwirren.

Wer sich morgens damit beschäftigt, hat vermutlich das Gefühl, nach einer guten Portion Schlaf klarer denken zu können als nach einem erschöpfenden Tag.

Manche Menschen teilen die Schritte auch auf. Sie beschäftigen sich mit Schritt 1 (Tagesabschluss) am Abend und mit den Schritten 2 und 3 am Morgen, wenn sie klarer denken können und offener für neue Einsichten sind, die ihnen bei der Überlegung kommen, was wohl das Wichtigste ist.

Sie sollten sich jedoch in jedem Fall für eine Methode entscheiden, die es Ihnen erlaubt, vor Beginn des neuen Tages einige Momente in einer Q2-Verfassung zu verweilen. Andernfalls tauchen Sie kopfüber in die Flut der einströmenden Kieselsteine – in der Hoffnung, dass Sie irgendwann den Kopf freibekommen, um einige Ihrer wichtigen Dinge abzuarbeiten. Das ist sicherlich kein Rezept für hohe Produktivität.

Q2-Planung: Denken unter der Dusche

Wann haben Sie die kreativsten Ideen? Früh am Morgen? Nach einem guten Nachtschlaf? Unter der Dusche? Gab es Zeiten in Ihrem Leben, in denen Sie klare Ziele und Prioritäten zu haben glaubten und alles in bester Ordnung zu sein schien?

Wir vermuten, dass es sich für Sie schon häufiger genauso angefühlt hat, dass dieses Gefühl dann aber im Lauf Ihrer vollgepackten Tage rasch wieder in den Hintergrund geraten ist.

Unsere Frage lautet: Warum können Sie diese Momente nicht häufiger haben?

Wir sind der Ansicht, dass Sie mithilfe einer regelmäßigen Q2-Planung nicht nur häufiger solche Momente der Klarheit und Perspektive erleben können, sondern dass sie geradezu zum Markenzeichen Ihrer Lebensweise werden könnten.

Wir wissen aus der Beschäftigung mit der 1. Entscheidung, dass sich unsere grauen Zellen, je nachdem, wie wir sie nutzen, ständig neu verdrahten. Wenn wir die wöchentliche und tägliche Gewohnheit entwickeln, uns auf unsere höchsten Prioritäten zu besinnen und unser Leben um diese Dinge herum zu strukturieren, wird Q2 zu unserer normalen Denkweise. Diese zentrierte Q2-Denkweise wird nach und nach an jedem Tag zu unserem ständigen Begleiter. Das befähigt uns, rascher und ruhiger auf unerwartete Veränderungen in unserem Zeitablauf zu reagieren. Wir reagieren dann nicht mit Stress, sondern gehen mit diesen Veränderungen zuversichtlich und mit Leichtigkeit um, weil wir alles gut strukturiert haben und mit der Q2-Perspektive vertraut sind.

Jemand fragte einmal einen Zen-Meister, wie er es schaffe, unter den Belastungen des Tages die innere Ruhe zu bewahren. Er erwiderte: »Ich verlasse nie den Ort, an dem ich meditiere.«[21]

Wenn wir uns wöchentlich und täglich die Zeit nehmen, uns auf unsere Prioritäten zu besinnen, können wir dieses Gefühl der inneren Ausrichtung mit uns durch den Tag tragen. Wir werden zum Ruhepunkt im Sturm – und sind so imstande, uns über die Kieswalze zu erheben, die unsere wichtigsten Prioritäten unter sich zu begraben droht.

Einfache Schritte für den Anfang

Sie können mit der Umsetzung der Prinzipien und Verhaltensweisen der 3. Entscheidung – die großen Steine planen; nicht die kleinen sortieren – beginnen, indem Sie einen oder mehrere der folgenden einfachen Schritte unternehmen. Wählen Sie aus, was Ihnen am meisten zusagt.

- Legen Sie sich eine zentrale Aufgabenliste zu und praktizieren Sie die Papierkorb-oder-Liste-Regel dreimal täglich. Beglückwünschen Sie sich, wenn Sie etwas erfolgreich in den Papierkorb befördert haben!
- Gehen Sie in Ihrem Kopf die letzten drei Wochen durch. Identifizieren Sie ein oder zwei wiederkehrende Muster, die Sie in Q2-Zeitblöcke verwandeln und so besser managen könnten.
- Beschließen Sie, wann und wo Sie Ihre wöchentliche und tägliche Q2-Planung durchführen wollen. Planen Sie sie als wiederkehrende Q2-Zeitblöcke in Ihrem Kalender.

- Sie kommen nicht weiter, wenn Sie sich lediglich schneller durch den Kies graben. Entscheiden Sie, was das Wichtigste ist, und legen Sie diese Aktivitäten in den Eimer, bevor die Woche beginnt.

- Wenn Sie es mit etwas zu tun bekommen, was Sie möglicherweise erledigen müssen, wandert es entweder in den Papierkorb oder auf die Liste, aber nicht in Ihren Kopf!

- Q2-Zeitblöcke sind proaktiv beplante Zeitabschnitte, mit denen Sie Ihre wiederkehrenden Q2-Prioritäten schützen.

- Die drei Schritte für die wöchentliche Planung lauten: (1) Überprüfen Sie Ihre Rollen und Ziele, (2) planen Sie die großen Steine und (3) organisieren Sie den Rest. Die drei Schritte für die tägliche Q2-Planung lauten: (1) Schließen Sie den Tag ab, (2) identifizieren Sie die wenigen unerlässlichen Dinge und (3) organisieren Sie den Rest.

- Das 30/10-Versprechen: Die Q2-Planung wird Ihnen helfen, sehr viel mehr aus Ihrer gesamten Zeit zu machen, und Sie werden immer öfter abends mit dem Gefühl zu Bett gehen, etwas geleistet zu haben.

Aufmerksamkeits-
management

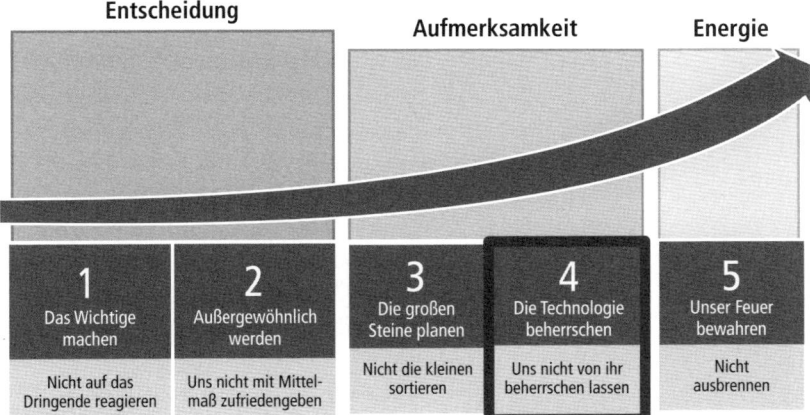

| Entscheidung | | Aufmerksamkeit | | Energie |

1	2	3	4	5
Das Wichtige machen	Außergewöhnlich werden	Die großen Steine planen	Die Technologie beherrschen	Unser Feuer bewahren
Nicht auf das Dringende reagieren	Uns nicht mit Mittelmaß zufriedengeben	Nicht die kleinen sortieren	Uns nicht von ihr beherrschen lassen	Nicht ausbrennen

Die 4. Entscheidung:
Die Technologie beherrschen; uns nicht
von ihr beherrschen lassen

»Eine scheinbare Unordnung muss keineswegs
auf echte Unordnung hinweisen.«
Sunzi, Die Kunst des Krieges[22]

Im Jahr 1967 entwickelte der Futurist Herman Kahn ein Szenario, wonach die Menschheit bis zur Jahrtausendwende unter anderem mit dem Problem zu kämpfen hätte, dass die Freizeit infolge der Produktivitätstechnologien immer mehr zunehme. Er ging davon aus, dass die meisten Menschen bis dahin nur noch 30 Stunden in der Woche arbeiten müssten und 13 Wochen Ferien im Jahr hätten.[23] (Zu schön, um wahr zu sein!) Er schrieb:

> *»Der ›normale‹ Arbeiter könnte weniger als 50 Prozent seiner Tage mit seinem Beruf ... weniger als 50 Prozent seiner Tage mit seinen Hobbys und anderen Interessen verbringen ... und hätte immer noch ein oder zwei Tage in der Woche frei, um sich auszuruhen. Es wäre also möglich, Hobbys und Interessen mit derselben Intensität zu verfolgen wie den Hauptberuf und immer noch reichlich Zeit für andere Beschäftigungen zu haben.«*[24]

In den fast vier Jahrzehnten, seit Kahn diese Worte schrieb, haben wir unzählige Produktivitätstechnologien von der Haftnotiz bis zum PC, von der E-Mail bis zur Videokonferenz erfunden. Heute gibt es Internet, Mobiltelefone, Kurznachrichten, drahtlose Netzwerke, tragbare Geräte, die uns sagen, wo wir sind und wohin wir gehen, E-Books, hochauflösendes Fernsehen, ja sogar Handschuhe, die Musik von sich geben![25] Wir könnten die Liste endlos fortsetzen.

Aber haben diese Technologien Sie produktiver gemacht? Haben Sie das Gefühl, dass die von Herman Kahn beschriebene Freiheit und Flexibilität dadurch nennenswert näher gerückt ist? Oder fühlen Sie sich mehr als Sklave all der Plings und Plongs, die Smartphone, Tablet und Computer ständig von sich geben?

Kommunikationstechnologie: Ihre Lieblingsdroge?

Im Zusammenhang mit der 1. Entscheidung – das Wichtige machen; nicht auf das Dringende reagieren – sprachen wir darüber, wie leicht das Gefühl der Dringlichkeit zur Sucht werden kann. Hier zeigt sich nun, dass die Technologie die süchtig machende Kraft der Dringlichkeit noch einmal verzehnfachen kann. Das ist so, als würden wir Crack rauchen, das sowohl momentan stimulierender wirkt als auch schneller süchtig macht als Kokain in Pulverform. Und es ist auch sehr viel gefährlicher!

Unsere Technologien reagieren fast unmittelbar auf das, was wir tun – mit der Folge, dass wir in einem fort auf eintreffende Nachrichten reagieren und dabei das Gefühl haben, produktiv zu sein. In Wirklichkeit werden wir jedoch nur immerwährend abgelenkt.

Über all dem versäumen wir die wirklich wichtigen Dinge, wie den Aufbau starker Beziehungen, die gemeinsame Arbeit an wichtigen Problemen oder eine andere gewissenhafte und konzentrierte Beschäftigung. Weil diese Dinge nicht mit so viel Klickspaß verbunden sind, sind sie für unser Gehirn weniger stimulierend als die Klänge unserer Smartphones. Am Ende sind sie jedoch sehr viel wichtiger.

Vor Kurzem konnten wir während einer Ballettaufführung eine Familie beobachten, die gekommen war, weil eines der Kinder einen Auftritt hatte. Die Familie saß recht weit hinten und von den vier Personen spielten drei auf ihren Geräten irgendwelche Spiele – der Vater und die zwei Kinder. Nur die Mutter schaute auf die Bühne. Als die Lichter heruntergedimmt wurden, damit die Vorstellung beginnen konnte, reduzierten auch die drei die Helligkeit ihrer Bildschirme und spielten mit gesenkten Köpfen weiter. Erst als jemand aus der Reihe hinter ihnen sie bat, ihre Geräte auszuschalten, sahen sie widerwillig auf und verfolgten die Vorstellung.

Der Arzt und Spezialist für Aufmerksamkeitsdefizitstörungen Ed Hallowell bemerkt dazu:

>*Wir haben eine neue Sucht geschaffen – die Technologiesucht. ... Und so sehen wir Menschen, die zwanghaft nach ihrem E-Mail-Lesegerät greifen, als handele es sich um eine Packung Zigaretten.*«[26]

Die Wissenschaftlerin Catherine Steiner-Adair, die sich mit den Folgen der neuen elektronischen Geräte auf das Familienleben beschäftigt, schreibt in diesem Zusammenhang:

>*Diese eine und ewige Wahrheit in Bezug auf Familien trifft mich immer wieder: Kinder brauchen die Zeit und Aufmerksamkeit ihrer Eltern. ... Aber diese Tatsache gerät so leicht in Vergessenheit, wenn der Sirenenruf der virtuellen Welt uns lockt.*«[27]

Oft heißt es: »Es sind doch gerade die jungen Menschen, die sich nicht von ihren elektronischen Geräten trennen können.« Sicherlich, unsere Kinder wachsen ganz selbstverständlich mit solchen Geräten auf. Aber wir dürfen darüber unsere Rolle als Erwachsene nicht vergessen. Studien zeigen, dass kleine Kinder sich häufig einsam und alleingelassen fühlen, weil sie mit Smartphones und Tablets um die Liebe ihrer Eltern wetteifern müssen.[28]

Eine Managerin berichtete uns davon, wie sie und ihr Mann ihrem vierjährigen Kind zuliebe ihre Einstellung zum Gebrauch elektronischer Geräte verändert hatten. Dieser Prozess setzte ein, nachdem ihnen bewusst geworden war, dass sie nach der Arbeit zu Hause immer sofort nach ihren Geräten griffen und dann in ihrer eigenen Welt versanken – sicherlich nicht das beste Vorbild für ihre vierjährige Tochter! Zudem wurde ihnen klar, wie schnell die Zeit verging und dass ihre Tochter bald kein kleines Kind mehr sein würde.

Also machten sie einen Plan in dem Wissen darum, dass es schwer werden würde, sich von der Sucht zu lösen. Sie stellten einen Korb neben der Haustür auf und vereinbarten, beim Betreten des Hauses ihre Smartphones dort zu deponieren. Der Korb war wie ein kleines Rechenschaftssystem, weil beide Smartphones dort gut sichtbar lagen und ihr Fehlen sofort aufgefallen wäre.

Nachdem sie das einige Tage praktiziert hatten, entdeckten sie eines Morgens, als sie ihre Smartphones einstecken und das Haus verlassen wollten, in dem Korb auch den iPod der Tochter. Sie hatten sie nicht darum gebeten. Niemand hatte jemals mit ihr darüber gesprochen. Aber ihr kleiner Verstand und ihr Herz hatten das Verhalten der Eltern kopiert. Sie hatte ihr Gerät beiseitegelegt, um am Familienleben teilzunehmen!

So sehr dies auch nach einem Beispiel für positive Verhaltensprägung klingt – auch diese Geschichte könnte eine dunkle Seite haben. Buhlte dieses Kind um die Aufmerksamkeit seiner Eltern? Hatte es das Gefühl, mit den Smartphones seiner Eltern um deren Liebe wetteifern zu müssen? Legte es seinen iPod in den Korb, weil es hoffte, sich damit die elterliche Liebe sichern zu können? Jedenfalls bewirkte der veränderte Umgang mit den elektronischen Geräten zugleich eine Veränderung im Familienleben, mit der Folge, dass die Beteiligten in der kurzen Zeit zwischen der Rückkehr von der Arbeit und dem Auseinandergehen am anderen Morgen nun mehr Q2-Aufmerksamkeit und -Energie füreinander hatten.

Nicht nur zu Hause und in der Familie hängt die Qualität von Beziehungen davon ab, wie viel echte Aufmerksamkeit die Beteiligten einander entgegenbringen. Ein Mann in den Dreißigern erzählte uns, dass er und seine Freunde, wenn sie gemeinsam zum Essen ausgehen, ihre Telefone in einen Korb legen und dass derjenige, der als Erster während des Essens zu seinem Telefon greift, alle einladen muss. Für sie ist das eine gute Möglichkeit, die direkte Interaktion zu fördern und die Beziehungen zu pflegen, die sie sich als Freunde wünschen.

Wer ist hier zuständig?

Um uns die Technologie zu Diensten zu machen (anstatt uns unter ihr Diktat zu begeben), sollten wir uns in einem ersten Schritt unseren eigenen Umgang damit klarmachen. Verwenden Sie dazu die Zeit-Matrix™. Nutzen Sie bei der Arbeit oder zu Hause Ihre elektronischen Geräte nach Q3- oder Q4-Art? Lassen Sie sich von der suggerierten Dringlichkeit all der Plings und Plongs verlocken, auf Dinge zu reagieren, die in Wahrheit völlig unwichtig sind? Erliegen Sie der Versuchung eines bestimmten Spiels, das weder dringend noch wichtig ist, aber Ihnen dennoch stundenweise Zeit, Aufmerksamkeit und Energie raubt, die Sie für andere Dinge viel besser hätten nutzen können?

Sobald Sie Ihr eigenes Verhältnis zu den elektronischen Geräten geklärt haben, sind Sie in der Lage, sie als mächtige Werkzeuge zu nutzen, um weiter in die Q2-Sphäre vorzustoßen. Die Geräte selbst sind ja nicht das Problem; entscheidend ist, wie bewusst und überlegt wir sie einsetzen. Unser Gehirn liebt das Neue; aber indem wir uns klarmachen, was für uns wirklich wichtig ist, und wir unsere bewusste Urteilskraft zum Zug kommen lassen, haben wir sehr wohl die Chance, unsere Werkzeuge klug einzusetzen und damit jeden Tag außergewöhnlich produktiv zu sein.

Schwertlosigkeit und das erste Prinzip

Manchmal beschleicht uns die Idee, wir bräuchten lediglich die richtigen Werkzeuge – die richtige Software, den neuesten Schnickschnack und so weiter –, damit all unsere Probleme gelöst wären. Aber das ist reines Wunschdenken. Auch wenn wir die zeitsparenden Vorteile des einen oder anderen Gerätes zu schätzen wissen: Wir können unser fundamentales Menschenrecht und die Fähigkeit, kluge Entscheidungen für uns selbst zu treffen, nicht an diese Geräte delegieren, solange wir ein bedeutungsvolles und produktives Leben führen wollen.

Sobald wir uns jedoch vergegenwärtigt haben, dass kein Werkzeug uns automatisch retten wird, handeln wir aus dem »ersten Prinzip« heraus, wie Yagyū Munenori, der japanische Schwertmeister aus dem 16. Jahrhundert, es nannte. Danach sollten wir in jeder erdenklichen Weise unabhängig sein und die eigene Geistesgegenwart in jeder Situation wahren.[29] Das bedeutet zugleich, dass wir das Ideal der »Schwertlosigkeit« befolgen, wonach es uns freisteht, jedes Werkzeug zu verwenden, um den Kampf zu gewinnen.[30] Die Idee dahinter ist, dass die Beschränkung auf ein bestimmtes Werkzeug uns mental bindet und daran hindert, beweglich zu bleiben und auf unterschiedliche Situationen angemessen zu reagieren. Das ist wichtig, weil die Werkzeuge und Technologien sich ständig ändern, nicht aber das erste Prinzip der bewussten Entscheidung.

Es gibt da die Geschichte von dem Soldaten, der, müde und erschöpft, sein Schwert verloren hat. Als er über das Schlachtfeld stolpert, sieht er den Griff eines anderen Schwertes aus der Erde ragen. Erfreut greift er danach, nur um festzustellen, dass das Schwert zerbrochen ist und er nur eine Hälfte in der Hand hält. Entmutigt wirft er das zerbrochene Schwert hin und sagt zu sich selbst: »Hätte ich nur des Kaisers glänzendes Schwert aus Gold und feinstem Stahl, so könnte ich den Kampf bestehen und gewinnen!« Ohne Hoffnung schleppt er sich vom Schlachtfeld.

Einige Minuten später kommt eine weitere müde Gestalt an die gleiche Stelle und hebt dasselbe Schwert vom Boden auf. Als der Soldat die zerbrochene Klinge erblickt, hebt er sie triumphierend in die Höhe und wirft sich mit neuer Kraft und einem lauten Schrei erneut in die Schlacht. Ein zerbrochenes Schwert schwingend wendet der Kaiser das Blatt und führt seine Truppen zum Sieg.

Warum verwenden wir, wenn wir über moderne Technologien sprechen, Bilder aus der Welt des Kampfes? Weil die Schlacht um unsere Aufmerksamkeit real ist und weil sie sich wie ein echter Kampf anfühlt. Es ist durchaus schwierig, inmitten der alltäglichen Hektik und Neuigkeiten den Verlockungen unserer elektronischen Geräte zu widerstehen. Es erfordert echte Anstrengung, unsere wichtigsten Prioritäten zu verteidigen und ihnen die angemessene Aufmerksamkeit und Energie zu widmen.

In diesem Kapitel werden wir uns einige sehr praktische Fähigkeiten und Verfahrensweisen anschauen, mit deren Hilfe wir, egal, um welche elektronischen Geräte es sich handelt, im Q2-Quadranten bleiben können. Sie erfordern etwas Übung in der Umsetzung, aber sie sind mächtig und werden sich deutlich auf Ihre Ergebnisse auswirken. Was sie so mächtig macht, sind die ihnen zugrundeliegende Q2-Einstellung und das erste Prinzip der Entscheidung. Während uns gute Technologien im Kampf helfen können, bringt uns die Q2-Einstellung den Sieg.

Vorbereitung auf die Schlacht: Wo ist Ihre Ausrüstung?

Als Erstes müssen wir alle unsere Informationen strukturieren.

Wenn es Ihnen so geht wie den meisten Menschen, prasseln den ganzen Tag über aus sämtlichen Richtungen kleine Kieselsteine auf Sie ein. Ihr Smartphone empfängt Nachrichten, Chat- und Twittermeldungen. Ihre E-Mail-Konten füllen sich wie eine verstopfte Spüle. Sie erhalten einen Telefonanruf und notieren die Botschaft auf einem Zettel, der Ihnen zufällig in die Hände gerät. Ihr Arbeitsplatz ist übersät mit Briefen, Dokumenten und Haftnotizen. Sie machen sich Notizen auf Ihrem Smartphone, auf Ihrem Computer, in einem Heft oder auf einem Notizblock – oder abwechselnd hier oder dort. Sie sagen sich, dass Sie eines Tages alles sortieren und strukturieren werden, aber die Aufgabe scheint kaum zu bewältigen. Wie können Sie auch nur den ersten Schritt in die richtige Richtung tun?

Ob die Tausenden von E-Mails in Ihrer Inbox oder der Papierstapel auf Ihrem Schreibtisch – im Chaos existiert tatsächlich eine Ordnung. Sie müssen sie lediglich erkennen.

Die »4 Kategorien«

Es gibt im Wesentlichen vier Arten von Informationen, die Sie managen müssen – in zwei Fällen können Sie sofort handeln; die anderen beiden betreffen Informationen, die Sie für später abspeichern.

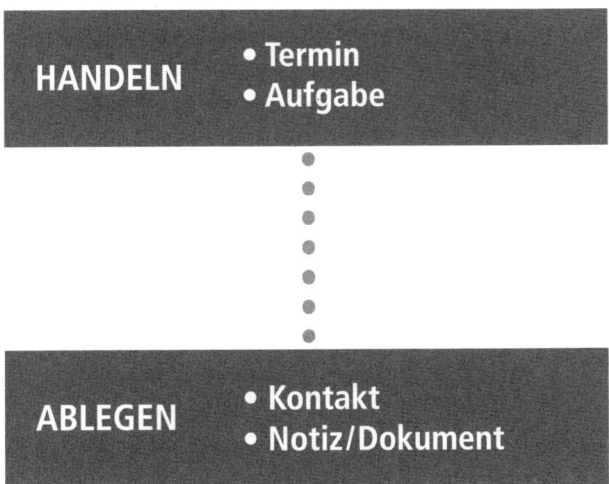

- **Termine.** Dinge, die Sie zu einem bestimmten Zeitpunkt erledigen müssen.
- **Aufgaben.** Dinge, die Sie tun müssen und denen noch kein konkreter Zeitpunkt zugeordnet ist.
- **Kontakte.** Informationen über Menschen, mit denen Sie in Kontakt stehen.

- **Notizen/Dokumente.** Andere Informationen, die Sie im Blick behalten wollen und die in keine der übrigen drei Kategorien fallen.

Wir bezeichnen diese Kategorien als die »4 Kategorien«. Um Ordnung in das Chaos in Ihrem Büro zu bringen, müssen Sie zunächst lernen, neu eintreffende Informationen nach diesen vier Kategorien zu sortieren. Im nächsten Schritt legen Sie sich ein System zur Verwaltung Ihrer wichtigen Informationen zu, bei dem Sie genau wissen, wo Sie das Benötigte jederzeit finden können. Wie das geschieht, hängt von dem verwendeten System ab, aber als Richtlinie empfehlen wir die »Regel des eindeutigen Ortes«.

Das bedeutet, dass Sie genau eine zentrale Aufgabenliste, einen Kalender, eine Kontaktliste und ein System für Ihre Notizen und Dokumente einrichten und nutzen. Sie können dieses System an Ihre persönlichen Bedürfnisse anpassen, solange Sie den Prinzipien für den Umgang mit den »4 Kategorien« treu bleiben. Sie können Ihr System komplett in Papierform, komplett elektronisch oder als eine Mischung aus beidem anlegen.

Ein System in Papierform

Bevor so viele anwendungsfreundliche elektronische Geräte auf den Markt kamen, gab es für diejenigen, die sich mit dem Zeitmanagementansatz von FranklinCovey vertraut gemacht hatten, im Grunde nur ein geeignetes System: Sie nutzten für ihre zentrale Aufgabenliste, ihren Kalender, ihre Kontakte und ihre Notizen einen Ordner, den klassischen Franklin-Planer. Und manche von ihnen tun das bis heute. Auch im Zeitalter der Elektronik muss sich niemand für ein System in Papierform rechtfertigen!

Der offensichtliche Vorteil dieses Systems besteht darin, dass es alles an einem Ort zusammenfasst. Man kann es mit sich herumtragen und es spricht Menschen an, die gern etwas aufschreiben und ihre Informationen in analoger Form leicht zugänglich haben möchten. Und es muss auch nicht aufgeladen werden.

Der Nachteil ist, dass die einzelnen Elemente nicht miteinander verbunden sind, sodass wir nicht einfach Informationen oder Termine per Knopfdruck akzeptieren und speichern können. Es gibt auch kein Back-up, sodass wir ziemlich aufgeschmissen sind, sollte das Ganze einmal verloren gehen.

Unserer Erfahrung nach kann es in Anbetracht dessen, dass unsere Kommunikation und unser Informationsaustausch – Telefonate, Kurznachrichten, Tweets und E-Mails – sich weitestgehend digital abspielen, ziemlich aufwendig sein, die vier wichtigen Kategorien genauestens auf Papier zu übertragen. Aber es ist möglich.

Für die Liebhaber der Papierversion gibt es ein paar Dinge zu beachten: Sie werden sicherlich produktiver sein und weniger Kopfweh haben, wenn Sie alle persönlichen Notizen in ein Büchlein schreiben, statt sie auf irgendwelchen losen Zetteln festzuhalten. Die Kardinalregel für die effektive Organisation der »4 Kategorien« in Papierform lautet: »Alles an einem Ort!«

Ein digitales System

Das andere Ende des Spektrums bildet die ausschließlich digitale Methode. Hier lautet die Kardinalregel: »Alles überall.« Das bedeutet, dass Sie Ihre »4 Kategorien« in einem System organisieren, das Sie zu jeder Zeit und von jedem Ort aus über alle Ihre Geräte erreichen können.

Sie könnten beispielsweise die Kontaktinformationen eines Freundes einmal eingeben und sind sofort in der Lage, sie von Ihrem Smartphone, Tablet oder Laptop oder jedem anderen Computer mit Internetzugang abzurufen. Die Informationen selbst liegen auf einem Server an irgendeinem Ort (in der Cloud), wo Sie sie von jedem Ort mit Internetverbindung aus einsehen können.

Der Vorteil dieser Methode besteht darin, dass Ihnen Ihre wichtigsten Informationen jederzeit zur Verfügung stehen, egal, mit welchem Gerät Sie gerade unterwegs sind. Weil diese Informationen als Bits statt auf Papier vorliegen, verfügen Sie theoretisch über unbegrenzte Speicherkapazität, sodass Sie auf Knopfdruck Zugriff auf Ihre Daten aus vielen Jahren haben. Es ist zudem einfacher, Informationen, die in digitaler Form bei uns eintreffen, sogleich im System abzulegen. So ein System ist in der Regel sicherer und bietet eine Back-up-Funktion, sodass Sie auch dann noch über Ihre wichtigsten Informationen verfügen können, wenn Sie einmal eines Ihrer Geräte verlieren sollten.

Außerdem können Sie in der Kommunikation mit anderen Personen leichter auf Ihre Informationen zugreifen.

Der Nachteil eines solchen Systems: Es verleitet uns, zu viele kleine Steine in das System aufzunehmen und schließlich unter ihrer Last zu ersticken. Wenn wir nicht bewusst und zielgerichtet gegensteuern, können die neu eintreffenden Informationen uns schon bald unter sich begraben. Am Ende finden wir uns statt im Q2-Quadranten in einer digitalen Wüste wieder, in der wir uns kaum noch bewegen können.

Wenn Sie außergewöhnlich produktiv sein wollen, müssen Sie sich über Ihre elektronischen Geräte und die »4 Kategorien« sorgfältig Gedanken machen. Nur so stellen Sie sicher, dass Sie ein elegantes System erschaffen, das keine unbeabsichtigten Redundanzen nach sich zieht. Idealerweise ist es ein einheitliches System, das sich über alle Geräte synchronisiert. Kaufen Sie, was immer Ihnen zusagt, aber seien Sie äußerst sorgsam.

Setzen Sie beispielsweise nicht gedankenlos irgendwelche Aufgaben auf eine Zweitliste in Ihrem Smartphone (nur weil es gerade zur Hand ist), wenn sich Ihre zentrale Aufgabenliste ausschließlich auf Ihrem Computer befindet. Verwenden Sie stattdessen eine App, die diese Informationen auf beiden Geräten synchronisiert, damit Sie sie nur einmal einzugeben brauchen, um sie auf beiden Geräten einsehen und editieren zu können. Es gibt viele Apps, die das können. Suchen Sie sich eine aus, die Ihnen zusagt, und achten Sie darauf, dass Sie alle Ihre Aufgaben in das System einpflegen. Es wird Ihnen schon bald in Fleisch und Blut übergehen. Dasselbe gilt auch für die übrigen Kategorien von wichtigen Informationen.

Betrachten wir als Beispiel Martin, einen Verkäufer, der ein Smartphone, ein Tablet und einen Laptop besitzt. Er hat sich bei einem Cloud-gestützten File-Sharing-Dienst angemeldet, über den er seine wichtigen Notizen und Dokumente stets von allen Geräten aus erreichen kann. Dieser Dienst stellt vollumfängliche Apps für alle Geräte bereit, sodass es genügt, ein Dokument auf einem Gerät zu ändern, damit die geänderte Version sofort in der Cloud gespeichert und auf allen Geräten zur Anzeige gebracht wird. Seinen Kalender und seine Kontakte speichert Martin über einen separaten Dienst ebenfalls in der Cloud, sodass er sie von jedem Gerät aus einsehen und ändern kann. Für seine zentrale Aufgabenliste verwendet er einen weiteren Dienst, der ebenfalls Apps für alle Geräte anbietet. Mit diesen drei sorgfältig ausgewählten Softwarediensten kann er das Prinzip »alles überall« für seine »4 Kategorien« befolgen.

Um sich auf seine Q2-Aktivitäten konzentrieren zu können, kategorisiert Martin seine Termine, Aufgaben und Notizen nach Rollen. So kann er seine Aktivitäten und Notizen deutlich mit dem verbinden, was für ihn wichtig ist. Seit Martin als Verkäufer arbeitet und seine Arbeitskontakte zur aktiven Werbung nutzt, führt er zwei Kategorien: beruflich und privat.

Jetzt hat natürlich nicht jeder bei der Wahl der Dienste dieselbe Freiheit wie Martin. Machen Sie sich mit der IT-Politik Ihres Unternehmens vertraut, bevor Sie Ihr System zusammenstellen. Vielleicht müssen Sie eine vom Unternehmen bereitgestellte Plattform wie Microsoft Exchange, Google oder eine andere Software verwenden. Es kann sein, dass die IT-Politik Ihres Unternehmens eine einfache Synchronisation Ihrer wichtigsten Informationen über alle Geräte ermöglicht. Es kann auch sein, dass eine Vielzahl von Firewalls, Sicherheitsvorschriften und so weiter einer Synchronisation im Wege steht. Häufig haben Mitarbeiter von außerhalb ihrer Büros keinen Zugang zu ihren Arbeitssystemen. Viele sagen dazu: »Ich möchte ohnehin meine beruflichen und privaten Daten nicht vermischen.«

Wie wollen Sie also verfahren?

Wenn Sie rund um die Uhr Zugang zu Ihrem Unternehmenssystem haben, hinsichtlich der Vermischung von beruflichen und privaten Informationen jedoch skeptisch sind, haben wir hier einige Vorschläge für Sie:

- Manche Systeme ermöglichen es Ihnen, bestimmte Daten (wie beispielsweise Aufgaben und Termine) als privat zu kennzeichnen, sodass die Details im gemeinsamen Kalender nicht sichtbar werden. So können Sie Ihren Arztbesuch oder das Aufräumen der Garage als Termin eintragen, ohne dass andere mehr zu sehen bekommen als die Information, dass Sie diese Zeit privat nutzen.
- Wenn Ihnen das nicht zusagt, können Sie stattdessen zwei getrennte Kalender, Adressbücher und so weiter führen – einmal privat und einmal beruflich. Sie befolgen dann immer noch die Regel des eindeutigen Ortes, weil Sie für Ihre beruflichen Informationen genau ein System und für Ihre persönlichen Informationen ebenfalls genau ein System verwenden. Wenn

Sie Privates und Berufliches in dieser Weise trennen, müssen Sie jedoch eine wichtige Regel beherzigen: Vermischen Sie unter keinen Umständen die Systeme! Halten Sie sich an die Spielregeln, die Sie sich selbst gegeben haben. Wenn Sie aus Bequemlichkeit (weil beispielsweise der entsprechende Kalender gerade nicht zur Hand war) eine persönliche Aufgabe (Kauf von Tickets) in Ihren Arbeitskalender eintragen, denken Sie nicht mehr daran; und wenn Sie dann gerade die Füße hochlegen wollen, um zu entspannen, haben Sie plötzlich ein Problem, weil Sie die Chance verpasst haben, die Tickets zu kaufen.

- Die Methode mit den zwei unabhängigen Kalendern, Adressbüchern und so weiter kann auch das Zugangsproblem lösen. Wenn Sie von Ihrem Tablet oder Smartphone aus keinen Zugang zu Ihrem Arbeitssystem haben, können Sie Ihre privaten und beruflichen Daten bequem auseinanderhalten, wobei Sie auch hier die Trennung konsequent durchhalten sollten.

Für Ihr privates System bieten sich diverse cloudbasierte Dienste an, mit denen Sie jeweils eine oder mehrere Ihrer vier Kategorien von wichtigen Informationen verwalten können. Besuchen Sie dafür die App-Stores Ihrer jeweiligen Geräte und suchen Sie nach Stichworten wie »Aufgaben« oder »Notizen«. Einige dieser Dienste befinden sich möglicherweise bereits auf Ihren Geräten und lassen eine Synchronisation zwischen diesen Geräten zu. Machen Sie sich bewusst, was Sie benötigen, und entscheiden Sie sich für die besten Dienste, mit denen Sie an jedem Ort auf alles Zugriff haben.

Es ist empfehlenswert, sich für den Dienst eines Anbieters zu entscheiden, den es schon eine Weile gibt. Das verschafft Ihnen die Gewissheit, dass das System, dem Sie Ihre Daten anvertrauen, auch in Zukunft weiter existieren wird.

Die Mischvariante

Im Idealfall verwalten Sie Ihre vier Kategorien wichtiger Informationen jeweils über ein einziges System. Das heißt jedoch nicht, dass Sie alle vier in Papierform oder alle vier digital führen müssen. Sie können sich auch für ein gemischtes System entscheiden, solange Sie für jede Kategorie eine klare Entscheidung treffen. Sie können beschließen, Ihren Kalender digital zu führen, weil er sich so leicht mit anderen Geräten synchronisieren lässt. Dieselbe Entscheidung können Sie hinsichtlich Ihrer Kontakte treffen. Sie können aber auch beschließen, Ihre Aufgabenliste und Ihre wichtigsten Notizen in einem klassischen Notizbuch festzuhalten.

Es spielt im Grunde keine Rolle, womit Sie arbeiten, solange es für Sie funktioniert und Sie sich an die Regel des eindeutigen Ortes und die übrigen Organisationsprinzipien halten, die gewährleisten, dass Sie sich vermehrt auf Ihre Q2-Aktivitäten konzentrieren können.

Bewerten Sie Ihre »4 Kategorien«

Sarah beispielsweise nahm sich ausreichend Zeit, um sich zu überlegen, wo sie ihre »4 Kategorien« aufbewahrt. Dabei kam Folgendes heraus:

- **Termine.** Sarah hält ihre privaten Termine in einem kleinen Papierkalender in ihrem Portemonnaie und ihre geschäftlichen Termine im Unternehmenssystem fest. Das verletzt die Regel des eindeutigen Ortes. Es birgt darüber hinaus die Gefahr, dass Sarah Termine doppelt einträgt und wichtige anstehende Arbeitstermine während ihrer wöchentlichen Q2-Planung übersieht, da sie sich in der Regel nur während der Arbeit in dieses System einloggt. Manchmal notiert sie wichtige berufliche Ereignisse in ihrem Papierkalender, aber weil ihr das Übertragen der Termine mitunter lästig ist, sind am Ende beide Kalender unvollständig.
- **Aufgaben.** Sarah hält ihre Aufgaben in einer Liste in ihrem klassischen Planer fest. Sie hält damit zwar die Regel des eindeutigen Ortes ein, verzichtet aber auf die Vorteile eines digitalen Aufgabenmanagements.
- **Kontakte.** Sarah hat zwei Gruppen von Kontakten. Da sind zum einen die Nummern in ihrem Telefon und zum anderen die beruflichen Kontakte auf ihrem Computer. Weil ihre Systeme nicht synchronisiert sind, befinden sich in ihrem Telefon häufig doppelte oder veraltete Kontaktdaten ihrer Mitarbeiter.

- **Notizen / Dokumente.** Sarah nutzt für Notizen einen klassischen Notizblock und bewahrt ihre übrigen Dokumente auf dem Computer auf. Sie hat das Gefühl, dass sie mit dieser Aufteilung gut zurechtkommt.

Nach einiger Überlegung entwarf Sarah ein integriertes System, das ihr helfen sollte, ihre »4 Kategorien« besser zu verwalten. Sie tat also Folgendes:

- **Termine.** Ein Gespräch mit ihrer IT-Abteilung brachte Sarah einige wertvolle Erkenntnisse: Sie konnte ihr Telefon ohne Weiteres so einstellen, dass es sowohl ihre beruflichen als auch ihre privaten Informationen anzeigte – sie konnte also von überall ihren kompletten Kalender einsehen und musste ihre Termine nicht mehr doppelt eintragen. Sie zog mit ihrem privaten Kalender zu einem Onlinedienst um und hat nun stets alle Termine griffbereit.
- **Aufgaben.** Sarah machte einen Online-Aufgabendienst mit einfach zu bedienenden Apps ausfindig, die es ihr ermöglichen, ihre Aufgaben digital zu verwalten und im Ganzen zu überblicken. Sie trennt immer noch zwischen beruflichen und privaten Aufgaben, nutzt aber für beide dasselbe Programm, sodass die Regel des eindeutigen Ortes eingehalten wird.
- **Kontakte.** Dieselbe Methode, mit der Sarah ihre Kalender zusammenführte, wandte sie auch auf ihre Kontakte an. Weil sich ihre privaten Kontakte bereits auf ihrem Telefon befanden, reichte es, Duplikate herauszufiltern.
- **Notizen/Dokumente.** Weil Sarah mit Vorliebe Dinge auf Papier notiert und keine elektronische Lösung fand, die ihr zusagte, verfährt sie mit ihren Notizen im Wesentlichen immer noch genauso wie früher. Für ihre privaten Notizen nutzt sie ihr Notizbuch, während die größeren elektronischen Dokumente auf ihrem Computer bleiben.

So sieht das System heute aus:

	Papier	Digital		
		Mobiltelefon	Tablet	Laptop/Desktop
Termine		✓		✓
Aufgaben		✓		✓
Kontakte		✓		✓
Notizen/ Dokumente	Persönliche Notizen			Große Dokumente

Mit nur wenigen Veränderungen entwarf Sarah für sich ein viel integrierteres System für die Verwaltung ihrer »4 Kategorien«. Gemäß dem Prinzip des eindeutigen Ortes werden ihre Termine und Aufgaben jetzt zwischen ihrem Mobiltelefon und ihrem Computer synchronisiert. Die wichtigsten Informationen für ihre sämtlichen Rollen hat sie jetzt ständig griffbereit. Sie hat kein Tablet, aber sie erwägt, sich eines zum Geburtstag zu gönnen. In dem Fall weiß sie schon jetzt, dass einige wenige Einstellungen genügen, damit sie von dort auf alle Informationen unmittelbar zugreifen kann. Es ist entscheidend, so Organisationsexpertin Julie Morgenstern, »dass wir uns die Zeit nehmen, uns ein Bild vom gegenwärtigen Zustand zu machen und jeder Kategorie einen eindeutigen Ort zuzuweisen«.[31]

Entwerfen Sie Ihren Schlachtplan: Die Q2-Prozesslandkarte

Ausgestattet mit einem soliden System zur Organisation Ihrer »4 Kategorien« können Sie jetzt von der Q2-Prozesslandkarte Gebrauch machen. Diese Karte zeigt, wie sich alles, was Sie bis jetzt gelernt haben, ineinanderfügt und Sie befähigt, den Kampf gegen die tägliche Informationsflut zu gewinnen. Sie zeigt, wie Sie mit Unterstützung Ihrer elektronischen Helfer Ihre Aufmerksamkeit und Ihre Energie auf die wichtigsten Q2-Aktivitäten konzentrieren können.

Hier ist die Grundversion der Q2-Prozesslandkarte.

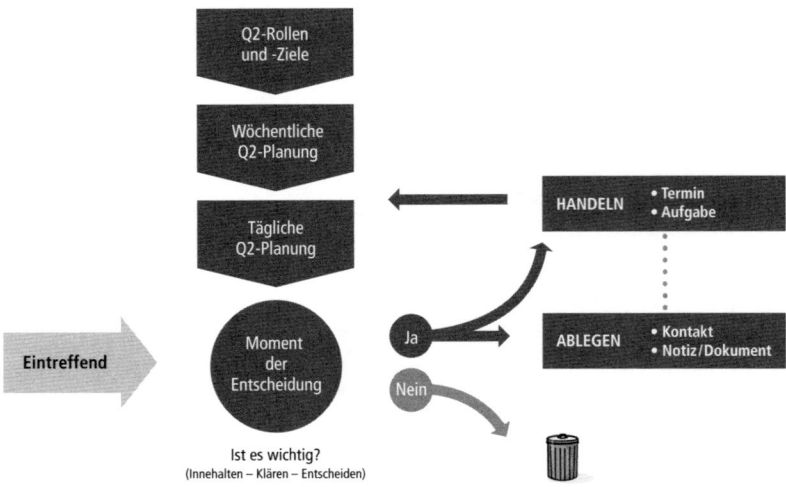

Die Spalte in der Mitte zeigt, wie Ihre Q2-Rollen und -Ziele in Ihre wöchentliche beziehungsweise tägliche Q2-Planung einfließen und Sie im Moment der Entscheidung stärken. Würde das Problem sich darauf beschränken und das Leben stets nach Plan verlaufen, bräuchten wir sonst nichts.

Aber da ist noch dieser Pfeil auf der linken Seite. Er repräsentiert den unaufhörlichen Zustrom von Informationen, Aufgaben und Terminen und von Ansprüchen an Ihre Zeit, Aufmerksamkeit und Energie. Darunter sind auch fantastische Gelegenheiten, die wahrgenommen, und Entscheidungen, die getroffen werden wollen und von denen viel abhängt.

Die hereinbrechende Flut trifft auf die vertikale Spalte im Augenblick der Entscheidung – dort spielt sich die Schlacht um Ihre beste Aufmerksamkeit und Energie ab. Das ist der Ort, an dem wir innehalten, die Situation klären und entscheiden, welche der eintreffenden E-Mails, Kurznachrichten, Telefonate, Menschen und Aufgaben wichtig sind, sodass wir in der Folge unsere Q2-Prioritäten gegen die weniger wichtigen Dinge verteidigen können.

Wenn die neu eintreffende Information oder Aufgabe nicht wichtig ist, bedeutet das, dass sie aus dem Q3- oder Q4-Quadranten stammt und gemäß dem untersten rechten Pfeil in den Papierkorb gehört. Weil wir unsere wertvolle Zeit, Aufmerksamkeit und Energie nicht für so etwas verschwenden wollen, verwerfen wir es.

Wenn die neu eintreffende Information oder Aufgabe hingegen wichtig ist, stammt sie aus dem Q1- oder Q2-Quadranten und kann mit dem System gemanagt werden, das wir zur Verwaltung unserer »4 Kategorien« eingerichtet haben.

- Handelt es sich um einen Termin oder eine Aufgabe, müssen wir aktiv werden. Der Termin gehört in unseren Kalender beziehungsweise die Aufgabe auf unsere zentrale Aufgabenliste.
- Wenn es etwas ist, das kein Handeln erfordert, aber als Information später interessant sein könnte – ein Kontakt oder eine Notiz / ein Dokument –, sollten wir es am passenden Ort, entweder elektronisch oder auf Papier, abspeichern.

Weil wir für die Verwaltung unserer »4 Kategorien« ein System verwenden und für alles einen klaren Ort haben, können wir die Dinge im Bedarfsfall wiederfinden, und sie sind für unsere wöchentliche beziehungsweise tägliche Q2-Planung automatisch verfügbar. Wir haben unsere wichtigsten Informationen so organisiert, dass wir bei unserer sorgfältigen Q2-Planung die großen Steine genau zur rechten Zeit berücksichtigen. Ein solches Planungs- und Organisationssystem stärkt unsere Fähigkeit, im Augenblick der Entscheidung richtig zu urteilen, sodass die Dinge, die wichtig sind, nicht dem täglichen Kampf um unsere Zeit, Aufmerksamkeit und Energie zum Opfer fallen.

Die drei Master Moves

Nachdem wir jetzt den wesentlichen Verlauf der elementaren Q2-Prozesslandkarte kennen, fügen wir ihr drei weitere Elemente entlang der unteren Kante hinzu und bauen sie so zur vollständigen Q2-Prozesslandkarte aus. Es handelt sich um drei Master Moves, mit denen wir die Effektivität unserer elektronischen Systeme als Instrumente zur Bewältigung des Informationsansturms und der Organisation unserer »4 Kategorien« entscheidend verbessern.

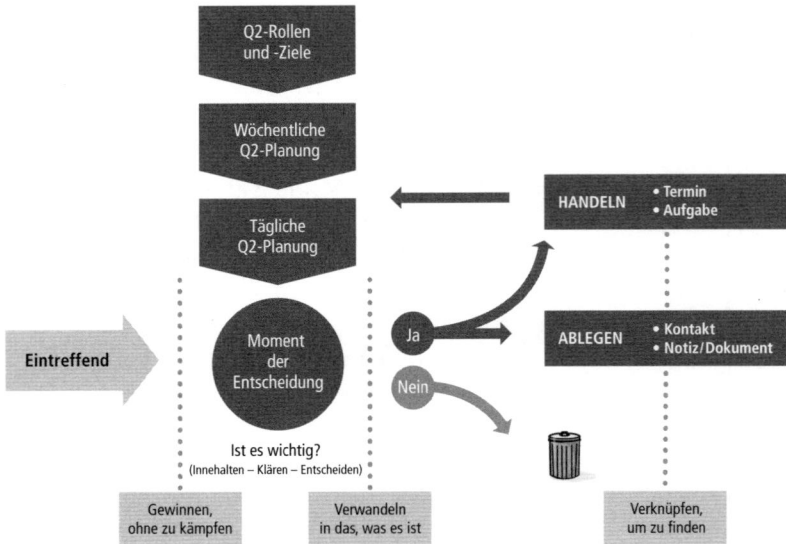

Der Ausdruck »Master Move« stammt ebenfalls aus dem Kampfsport und bezieht sich insbesondere auf die Kunst des American Kenpo Karate.[32] Er beschreibt eine fundamentale Bewegung (oder ein Konzept), die wir, haben wir sie erst einmal erlernt, mit nur geringen Veränderungen in den unterschiedlichsten Situationen anwenden können. Es gehört zu den Geheimnissen des Kampfsports, dass es genügt, ein Konzept zu beherrschen, um tausend Techniken zu erlernen. Oder, wie der japanische Schwertmeister Miyamoto Musashi sagte: »Lerne aus einem Ding zehntausend Dinge.«

Das ist die 80/20-Regel – einige wenige Ideen liefern überproportional viele Resultate. Wir haben die drei Master Moves auf der Q2-Prozesslandkarte sorgfältig ausgewählt, denn wenn wir sie erlernt haben und gut anzuwenden verstehen, werden sie unsere Fähigkeit, zu gewinnen, signifikant beeinflussen.

Wir werden uns bei der Vorstellung dieser Master Moves auf eine der problematischsten Quellen unserer alltäglichen Informationsflut konzentrieren, mit denen wir es in der Geschäftswelt heute zu tun haben – auf unser E-Mail-Eingangsfach. Wenn Sie die Prinzipien hinter den Master Moves begriffen haben, können Sie sie ebenso auf unterschiedliche Weise auf jede andere Technologie anwenden, die Sie ständig mit Informationen versorgt, wie beispielsweise Kurznachrichten, soziale Medien, Chat-Apps und reale Personen – je nach Situation.

1. Master Move: Gewinnen, ohne zu kämpfen

Auf der Q2-Prozesslandkarte hat dieser Master Move seinen Platz zwischen dem unaufhörlichen Informationszufluss und dem Augenblick der Entscheidung.

Derzeit werden weltweit täglich über 196 Milliarden E-Mails versandt und empfangen. An einem typischen Arbeitstag versendet und empfängt jeder Mensch im Schnitt 121 E-Mails, und diese Zahl wird voraussichtlich weiter steigen.[33] Es ist wichtig, dass wir die richtigen Schritte unternehmen, damit aus unserem Eingangsfach nicht die gefürchtete Arbeit des Tages wird, sondern wir es im Gegenteil zu einer extrem nützlichen Produktivitätsmaschine machen.

Hier ist der entscheidende Paradigmenwechsel in Bezug auf Ihre E-Mails. Ihre E-Mails sind nicht nur ein Haufen Botschaften. In Wahrheit ist jede E-Mail eine Entscheidung. Sie wissen es bereits aus Kapitel 1: Die schiere Anzahl der Entscheidungen, die wir den ganzen Tag über treffen müssen, gehört zu den weitverbreitetsten Problemen, die der Wissensarbeiter des 21. Jahrhunderts zu bewältigen hat. Und solange wir damit beschäftigt sind, E-Mails zu löschen, zu verschieben, zu beantworten oder uns zumindest Gedanken darüber zu machen, verbrauchen wir Energie, die wir an anderer Stelle besser nutzen könnten.

Gewinnen, ohne zu kämpfen, basiert auf dem Prinzip der Automatisierung. Das Ziel besteht darin, so viele dieser Entscheidungen wie möglich verlässlich zu automatisieren, damit unser Gehirn seine Energie nicht an Profanes, Nutzloses und Unnötiges verschwenden muss.

Eine der wirkungsvollsten Möglichkeiten der Automatisierung bieten die Regeln oder Filterfunktionen der E-Mail-Programme. Diese Instrumente verschieben viele Ihrer E-Mails automatisch dorthin, wo Sie sie haben wollen, bevor sie überhaupt Ihr Eingangsfach erreichen.

So können Sie beispielsweise Regeln erstellen, die automatisch:

- Junk-Mails löschen, die durch Ihren Spam-Filter geschlüpft sind;
- irrelevante Mails löschen, die nicht Sie betreffen;

- die CC-Liste und die Allen-antworten-Funktion priorisieren;
- E-Mails von wichtigen Personen wie beispielsweise Ihrem Vorgesetzten, Ihrem Partner, wichtigen Kollegen und so weiter markieren;
- wichtige Referenzdokumente, Branchenzeitschriften und dergleichen in passenden Ordnern ablegen, damit Sie sie dort später wiederfinden;
- nicht zeitkritische E-Mails von bestimmten Nutzergruppen (beispielsweise Personen, die Sie nicht kennen) in einen eigenen Ordner verschieben, damit Sie sie dort später durchsehen können;
- bestimmte E-Mails, beispielsweise Berichte, an andere Adressaten weiterleiten;
- bestimmten Absendern antworten, um ihnen mitzuteilen, dass Sie gerade nicht am Arbeitsplatz sind oder wann sie mit Ihrer Antwort rechnen können;
- Kopien bestimmter E-Mails an verschiedenen Orten ablegen.

Natürlich sollten Sie alle relevanten Unternehmensrichtlinien kennen, die offiziell regeln, wie Sie mit Ihren E-Mails zu verfahren haben und was Sie löschen dürfen. Aber indem Sie sich etwas Q2-Zeit für die Einrichtung dieser individuellen Regeln nehmen, können Sie später viele Tausend Stunden einsparen. Angenommen, Sie bekommen täglich 100 neue E-Mails. Wie viele davon sind wichtig? Wie wäre es mit folgender Rechnung:

- 30 davon (30 Prozent) sind wichtig und erfordern Ihre sofortige Aufmerksamkeit;
- 40 davon (40 Prozent) sind wichtig, können aber warten (Berichte, CCs, Projektstatusmeldungen und so weiter);
- 30 davon (30 Prozent) sind reine Zeitverschwendung und sollten gar nicht existieren (Spam und andere unwichtige Dinge).

Nehmen wir außerdem an, dass Sie im Durchschnitt 15 Sekunden benötigen, nur um zu entscheiden, was Sie mit einer Mail tun wollen. Das bedeutet, dass Sie allein schon 25 Minuten täglich damit zubringen, Ihre E-Mails lediglich durchzusehen. Das sind etwas über zwei Stunden in einer fünftägigen Arbeitswoche nur für die Durchsicht, ohne dass Sie irgendetwas damit tun.

Aber seien wir ehrlich. In Wirklichkeit beladen Sie Ihr Gehirn, wenn Sie eine E-Mail lesen, mit allen möglichen Fragen, Sie lesen die E-Mail erneut und antworten manchmal sofort. Oder Sie gehen zur nächsten E-Mail über und lassen die vorige E-Mail, wo sie ist, um später zu entscheiden oder zu handeln. Mit der Zeit füllt sich das Eingangspostfach mit Hunderten von E-Mails in unterschiedlichen Stadien der Bearbeitung und wird so zur Quelle für mentalen Stress, der Ihnen den ganzen Tag über im Nacken sitzt.

Wenn Sie aber stattdessen einige Regeln formulieren, die mit den 30 Prozent, die es gar nicht geben sollte, kurzen Prozess machen, einen Gutteil der 40 Prozent, die wichtig, aber nicht dringend sind, automatisch verwalten und die entscheidenden 30 Prozent markieren, wäre Ihr E-Mail-Erlebnis ein ganz anderes.

Erstens bekommen Sie ganz viele Dinge gar nicht erst zu sehen, weil sie automatisch gelöscht oder in andere Ordner verschoben werden. Auf diese Weise können Sie einen Großteil der zwei Wochenstunden, die Sie mit der Durchsicht verbracht haben, zurückgewinnen.

Dann können Sie Ihre Aufmerksamkeit leicht auf Botschaften richten, von denen Sie wissen, dass sie mit großer Wahrscheinlichkeit wichtig sind, weil Ihre Regeln Ihnen geholfen haben, sie rasch ausfindig zu machen.

Einer unserer Kunden machte, nachdem er die Devise »Gewinnen, ohne zu kämpfen« auf sein Posteingangsfach angewendet hatte, einige Tage Urlaub und ignorierte in dieser Zeit seine E-Mails. Als er an seinen Arbeitsplatz zurückkehrte, holte er tief Luft, öffnete sein E-Mail-Programm und klickte auf den Senden-und-empfangen-Button. Was dann geschah, kam ihm wie ein Wunder vor. Er sah, wie rund 300 E-Mails geladen wurden, aber im selben Augenblick verschwanden 80 davon sogleich wieder von der Bildfläche – dank der Regeln. Das war für ihn ein eindrückliches Erlebnis, als er sich ausrechnete, wie viel Zeit und Mühe er hätte aufbringen müssen, um diese 80 Mails selbst auszusortieren. All diese Entscheidungen hatte er im Voraus getroffen, sodass er nun kein weiteres Gehirnschmalz mehr darauf verschwenden musste. Er konnte seinen Urlaub noch etwas länger nachklingen lassen, während er sich auf die wirklich wichtigen Dinge konzentrierte, die seine Aufmerksamkeit erforderten.

Eine sehr wirkungsvolle Best Practice im Umgang mit E-Mails besteht darin, sich im Laufe des Tages bewusst etwas Q2-Zeit zu reservieren, um nach den E-Mails zu schauen. In diesem Fall überprüfen Sie Ihr Posteingangsfach nicht im Minutenrhythmus, sondern lediglich alle paar Stunden. Studien zeigen, dass wir mit jedem Mal, mit dem wir unterbrochen und aus unserem Arbeitsfluss gerissen werden, länger brauchen, um uns wieder zu konzentrieren. Mit dieser Regel können Sie sich auf Ihre Arbeit konzentrieren, um dann in regelmäßigen Abständen nachzusehen, ob etwas Wichtiges eingetroffen ist, ohne dass 30 weitere E-Mails Sie von der Arbeit ablenken.

Zeitblöcke für die E-Mail-Bearbeitung sind vielleicht nicht für jeden das geeignete Instrument. Manch einer befindet sich in einer Position, in der er für seinen Vorgesetzten jederzeit erreichbar sein muss. Die meisten elektronischen Geräte bieten die Möglichkeit, Nachrichten von wichtigen Personen, auf die Sie antworten müssen, gesondert zu kennzeichnen. Bevorzugen Sie eine Farbe, einen Klang oder ein markantes Zeichen auf Ihrem Bildschirm, um Ihnen eine neue Nachricht von Ihrem Vorgesetzten oder Partner anzuzeigen? Dann richten Sie eine entsprechende Regel ein. So können Sie fortan Ihre Aufmerksamkeit und Energie uneingeschränkt auf Ihr wichtiges Projekt richten, ohne Sorge haben zu müssen, dass Sie die Nachricht einer wichtigen Person übersehen.

Seien Sie vorsichtig und priorisieren Sie nicht zu viele Personen. Wählen Sie zwei oder drei, auf die Sie sofort reagieren müssen, aber nicht mehr. Sonst landen Sie in einem Meer von Plings und Plongs und sind am Ende wieder dort, wo Sie angefangen haben – in der totalen Ablenkung und Unterbrechung.

Überlegen Sie einen Augenblick, wie gut Sie die Regeln Ihres E-Mail-Programms nutzen, um »zu gewinnen, ohne zu kämpfen«. Sie könnten feststellen, dass Sie:

- niemals Regeln eingerichtet haben und vielleicht noch nicht einmal von der Möglichkeit wussten;
- einige Regeln eingerichtet, diese seither aber nicht mehr aktualisiert haben;
- einige Regeln eingerichtet haben, aber noch viel mehr E-Mails automatisieren könnten;
- wirkungsvolle Regeln eingerichtet haben und aktiv pflegen und auf diese Weise viel Zeit, Aufmerksamkeit und Energie sparen. Sie sind ein Inbox-Ninja.

Die Einrichtung der Regeln ist nicht schwer. 30 Minuten Q2-Zeit reichen, um ein System von Regeln zu schaffen, das den Zeitaufwand schon nach ein oder zwei Tagen amortisiert. Alles Weitere ist reiner Nettogewinn an Zeit, Aufmerksamkeit und Energie.

Sobald Sie Ihre Regeln oder Ihre Filter eingerichtet haben, sollten Sie sie bewusst weiter pflegen und aktuell halten. Ordnen Sie neue Nachrichten den vier Quadranten zu und suchen Sie nach Mustern, die sich automatisieren lassen. Nehmen Sie sich in diesem Fall das bisschen Zeit, das es braucht, um eine Regel für diese Nachrichten einzurichten, sodass Ihnen die unsichtbare Hand künftig die Arbeit abnimmt.

Wenn Ihr Posteingangsfach gerade die totale Katastrophe ist und mehrere Hundert (wenn nicht gar Tausend) E-Mails enthält und Sie einfach nicht wissen, wo Sie anfangen sollen, hilft Ihnen vielleicht der Abschnitt »So entgiften Sie Ihr Posteingangsfach« später in diesem Kapitel.

Optimieren Sie diesen Schritt

Wir konzentrieren uns hier auf Ihr Posteingangsfach, weil es für viele Menschen, die in Organisationen arbeiten, ein großes Problem darstellt. Das Prinzip »Gewinnen, ohne zu kämpfen« lässt sich jedoch auf viele andere Geräte und Situationen übertragen:

- Sie können in den Einstellungen Ihres Telefons unterschiedliche Klingeltöne für einige wichtige Kontakte einrichten, die sich vom normalen Klingelton unterscheiden. So wissen Sie beim Eintreffen einer Textnachricht oder eines Telefonanrufs gleich, worum es sich handelt, und können entsprechend reagieren. Sie können bestimmte Nummern sogar ganz stumm schalten und auf Ihren Anrufbeantworter umleiten. Indem Sie entscheiden, von wem und in welcher Form Sie Unterbrechungen zulassen, können Sie mit Ihrer Aufmerksamkeit und Ihren Gehirnzellen bei der wichtigen Aufgabe bleiben, mit der Sie gerade beschäftigt sind.
- Wenn Sie jemanden haben, an den Sie Aufgaben delegieren können, kann das eine andere Form der Automatisierung sein. Treffen Sie alle Entscheidungen, auch die unbedeutendsten, selbst, obwohl es im Team jemanden gibt, der sie genauso gut treffen könnte – sodass Sie den Kopf für höherwertige Aufgaben

frei hätten? Wenn Sie sich die Zeit nehmen, den Betreffenden in die Bearbeitung bestimmter Aufgaben einzuweisen, die sonst auf Ihrem Tisch landen würden, entfernen Sie automatisch künftige ähnliche Aufgaben aus Ihrem Posteingang und helfen der anderen Person auch noch, an dieser neuen Aufgabe zu wachsen.

- Wenn Sie das Glück haben, über einen Assistenten zu verfügen, hilft Ihnen diese Art des Denkens ebenfalls. Je besser und vertrauenswürdiger diese Person in ihrem Job ist, desto weniger Dinge müssen Sie selbst begutachten, oder wenn, dann liegen sie Ihnen in sortierter, organisierter Form vor. So werden Dinge automatisch für Sie erledigt, die andernfalls Ihr mentales Eingangsfach füllen würden.

Der weise Samurai

Lassen Sie uns den 1. Master Move »Gewinnen, ohne zu kämpfen« mit einer berühmten japanischen Fabel zusammenfassen.

Ein junger Samurai begegnete eines Tages auf einer Fähre einem legendären, in ganz Japan bekannten Schwertkämpfer. In dem Bedürfnis, sich selbst zu beweisen, forderte er den Meister zum Zweikampf heraus und rief: »Einer von uns beiden wird sterben, du oder ich!«

Der Meister reagierte nicht. Viele hatten ihn schon herausgefordert und er war der nutzlosen Kämpfe müde.

Der junge Samurai war gekränkt und rief nur noch lauter: »Komm, kämpfe gegen mich, und entweder stirbst du oder sterbe ich!«

Nach vielen Versuchen erreichte er schließlich, dass sich der Meister erhob und sagte: »Ich nehme deine Herausforderung an, aber auf der Fähre befinden sich noch mehr Menschen, die verletzt werden könnten. Lass uns auf die Insel dort gehen, wo wir ungehindert kämpfen können.«

Der junge Samurai akzeptierte das Angebot und stand unerschrocken am Heck des Schiffes, das sich der Insel näherte.

Als das Schiff anlegte, ließ der Meister dem jungen Samurai gnädig den Vortritt, nur um das Boot, kaum hatte der Samurai es verlassen, rasch von der Insel wegzulenken und den gedemütigten jungen Samurai dort stehen zu lassen.

Viele der alltäglichen Kämpfe, in denen es darum geht, uns vom Q2-Quadranten fernzuhalten, sind der Mühe nicht wert. Wenn Sie klug sind, können Sie gewinnen, ohne zu kämpfen, und viele Dinge auf der Insel zurücklassen, um sich wichtigeren Dingen zuzuwenden. Zu wissen, welche Kämpfe wir ignorieren können, und dann automatische Systeme einzurichten, die verhindern, dass sie uns von höheren Zielen ablenken – das ist die Essenz des 1. Master Moves.

Um mit den Worten des klassischen Militärstrategen Sunzi zu sprechen:»Besser ist es, den feindlichen Widerstand ohne Kampf zu brechen.«[34]

2. Master Move: Verwandeln in das, was es ist

Jetzt, wo wir einen Teil der stetig eintreffenden Informationen automatisiert haben, können wir zum nächsten Meisterschritt übergehen, der sich auf der Q2-Prozesslandkarte nach dem Augenblick der Entscheidung befindet. Das Ziel dieses Schrittes: Wir wollen all jene Q3- und Q4-Aktivitäten aus unserem Posteingangsfach entfernen, die noch nicht in unseren Regeln und Filtern hängen geblieben sind, um uns dann effektiv den Q1- und Q2-Aktivitäten zuwenden zu können.

Häufig handelt es sich immer noch um eine nicht unerhebliche Zahl von E-Mails. Hier Abhilfe zu schaffen, ist nicht nur wichtig für unsere Produktivität, sondern auch für unsere Gesundheit. In einer kürzlich erschienenen Studie wurde festgestellt, dass E-Mails physische Stresskomponenten wie Blutdruck, Puls und Cortisolspiegel erhöhen können. Interessanterweise trat bei dieser Studie auch Folgendes zutage:

»E-Mails, die irrelevant waren, die Arbeit unterbrachen oder eine sofortige Reaktion erforderten, waren besonders belastend, während E-Mails, die abgeschlossene Arbeiten markierten, einen beruhigenden Effekt hatten. Die Ablage von E-Mails in Ordnern verringerte ebenfalls den Stress und erzeugte ein Wohlbefinden, weil die Betreffenden so das Gefühl hatten, alles unter Kontrolle zu haben.«[35]

Nehmen Sie sich einen Augenblick und überlegen Sie, wie Sie bislang mit eintreffenden E-Mails verfahren. Kommt Ihnen eine der folgenden Beschreibungen bekannt vor?

- Ich lese eine E-Mail und sage zu mir selbst: »Damit beschäftige ich mich später«, nur um sie sogleich aus dem Blickfeld zu scrollen.
- Ich lese eine E-Mail und markiere sie anschließend erneut als ungelesen, um sicherzugehen, dass ich mich später damit beschäftige.
- Ich verschiebe die E-Mails in Unterordner, um mein Posteingangsfach übersichtlich zu halten – nur um mich anschließend zu sorgen, ob ich auch nichts übersehen habe (zum Beispiel Mails im Vorgesetzten-Ordner).
- Ich drucke die E-Mails aus, auf die ich reagieren muss, und lege sie auf den Stapel der Dinge, mit denen ich mich früher oder später beschäftigen muss.
- Ich nutze mein Posteingangsfach als Ordnersystem und lasse alles dort. Wenn ich in älteren E-Mails nachschauen muss, verwende ich die Suchfunktion. Ich hoffe, dass ich in der Zwischenzeit nichts Wichtiges übersehen habe.
- Ich bekomme Panik, wenn mein Chef anruft und fragt: »Hast du meine Mail bekommen?« Ich scrolle dann wie wild, um sie im E-Mail-Kies zu finden.
- Ich habe ständig ein ungutes Gefühl, weil mein Posteingangsfach ein solches Chaos ist.
- Ich lebe praktisch von meinem Posteingangsfach.

Wie viele E-Mails, gelesen oder ungelesen, befinden sich jetzt gerade in Ihrem Posteingangsfach? Hunderte? Tausende? Manche Unternehmen haben begonnen, die Posteingangsfächer ihrer Beschäftigten alle 30 oder 60 Tage automatisch zu leeren, weil ihr Platzbedarf auf den Servern so groß geworden ist. Das klingt vielleicht brutal, aber es zwingt die Mitarbeiter, ihr Eingangsfach vor der großen Löschaktion zu sichten und wichtige Dinge zu archivieren. Aber so gut Archivieren auch ist, so wenig hilft es Ihnen, Hunderte oder Tausende von E-Mails zu archivieren, wenn Sie sichergehen wollen, dass Sie nichts Wichtiges übersehen haben.

Um den 2. Master Move zu verstehen, müssen Sie sich klarmachen, dass eine E-Mail in Wahrheit nur aus einem oder mehreren Ihrer »4 Kategorien« besteht: einem Termin, einer Aufgabe, einem Kontakt und / oder einem Dokument. Indem Sie jede E-Mail durch diese Brille betrachten, erkennen Sie, dass die Informationen der E-Mail bereits ihren Ort in einem Ihrer Ablagesysteme haben, an den sie gehören.

Eine typische E-Mail könnte beispielsweise so aussehen:

Von: Kiyomi
An: Jonathan
CC: Thomas
Betreff: Besprechung nächste Woche

Hi Jonathan,

wie schön, Sie kennenzulernen. Ich hoffe, dass wir uns nächste Woche einmal zusammensetzen und Schwung in die Sache bringen können. Könnten Sie bitte das beigefügte Dokument mit Ihrem Team durchgehen und die Ergebnisse für Brasilien und Argentinien überprüfen? Ich bräuchte das bis Ende nächste Woche.

Mit Dank und besten Grüßen,
Kiyomi

<<Anhang>>

Viele Menschen würden eine E-Mail wie diese kurz überfliegen und zusammen mit all den übrigen E-Mails im Posteingangsfach belassen, um später darauf zurückzukommen.

Nehmen Sie sich eine Minute und versuchen Sie, aus der E-Mail die »4 Kategorien« für Jonathan herauszulesen. Welche Kategorien kommen in der E-Mail vor?

- **Termin:** Jonathan muss sich mit seinem Team treffen, um die Ergebnisse für Brasilien und Argentinien zu überprüfen.
- **Aufgabe:** Jonathan muss die Zahlen schon einmal für sich überprüfen, bevor er sich mit seinem Team trifft.
- **Kontakt:** Kiyomi ist neu und Jonathan muss seine Kontaktinformationen speichern.
- **Notiz / Dokument:** Jonathan muss das beigefügte Dokument zwecks späterer Durchsicht abspeichern.

Sobald Sie Ihre »4 Kategorien« identifiziert haben, sollten Sie sie unverzüglich in das verwandeln, was sie sind, und aus Ihrem Eingangsfach herausnehmen. Die Grundregel lautet hier, alles nur einmal in die Hand zu nehmen. Und das geht so.

Tragen Sie zuerst den Termin in Ihrem Kalender ein. Wenn Sie ein Programm wie Outlook, Google oder Lotus Notes verwenden, stehen Ihnen Funktionen zur Verfügung, mit deren Hilfe es Ihnen gelingt, mit einem Klick auf einen Button einen Besprechungstermin zu erzeugen und in den Kalendern aller Beteiligten einzutragen. Häufig werden E-Mail-Verlauf und -Anhänge gleich mitübertragen. Auf diese Weise verschwinden auch diese Dokumente aus Ihrem Posteingangsfach.

Als Nächstes muss Jonathan die Zahlen überprüfen, bevor er sich mit seinen Mitarbeitern trifft. Das ist eine Aufgabe, und mit etwas Drag & Drop oder durch Klicken auf einen Menüpunkt in Ihrem System wird aus Ihrer E-Mail rasch ein Posten in Ihrer zentralen Aufgabenliste. In den meisten Fällen können Sie die Aufgabe mit einem Anfangs- und / oder Fälligkeitsdatum und einer Priorität versehen.

Wenn Sie eine Aufgabe erzeugen, sollten Sie sie unbedingt mit einer Überschrift versehen, die ein Tätigkeitswort enthält. Unsere Aufgabenlisten sind lang; und wenn eine Aufgabe lediglich »brasilianische Zahlen« lautet, wissen wir möglicherweise dann, wenn wir schließlich dazu kommen, nicht mehr, was wir mit den Zahlen tun wollten. Ein Verb macht die Aufgabe konkret: »Die brasilianischen/argentinischen Ergebnisse verifizieren.«

Außerdem hat Jonathan Kiyomis Kontaktdaten noch nicht gespeichert. Viele Menschen legen einen neuen Kontakt per Copy & Paste an, obwohl die meisten Systeme doch einfach zu bedienende Menüpunkte bereithalten, die einen Absender augenblicklich in einen Kontakt verwandeln, ohne dass wir mehr zu tun bräuchten. Auf die eine oder andere Art sollten Sie die Daten jedenfalls in Ihr System übernehmen.

Und dann müssen Sie noch das Dokument in Ihrem System für Notizen/Dokumente ablegen, damit Sie bei Bedarf darauf zugreifen können. (Wir werden Ihnen, wenn wir zum 3. Master Move kommen – verknüpfen, um zu finden –, noch einige effizientere Methoden vorstellen.)

Nachdem Sie nun diese E-Mail mithilfe der »4 Kategorien« in das verwandelt haben, was sie ist, können wir sie nun getrost löschen.

Weil Sie sorgfältig alles in das verwandelt haben, was es ist, geht dadurch nichts verloren. Alles befindet sich an seinem Platz und ist zu gegebener Zeit gut erreichbar. So entschlacken Sie Ihr Posteingangsfach; Sie sind ruhiger und können weiter an den wichtigen, aber nicht dringenden Dingen des 2. Quadranten arbeiten. Selbst mit eventuellen Q1-Krisen können Sie so besser umgehen, weil alles seine Ordnung hat und die Gefahr von Überraschungen gebannt ist.

Ein aufgeräumtes Posteingangsfach verschafft Ihnen einen aufgeräumten Kopf. Nichts ist beruhigender, als zu sehen, wie die Zahl Ihrer Nachrichten auf einige wenige schrumpft, und zu wissen, dass alles dort ist, wo es hingehört.

Sie müssen jedoch aufpassen, dass Sie sich nicht zu weit in die andere Richtung begeben. Sie landen schnell in den Quadranten 3 und 4, wenn Sie alles akribisch in die »4 Kategorien« zerlegen. Machen Sie kein Brimborium um eine E-Mail, die Sie genauso gut sofort abhaken könnten. Nutzen Sie die Fünf-Sekunden-Regel, die besagt, dass Sie Dinge, die Sie mit einem Federstreich lösen können, gleich erledigen sollten – besonders dann, wenn Sie für die Sichtung Ihres Posteingangs einen Zeitblock reserviert haben. Verlieren Sie sich dabei nicht in irgendwelchen Details. Wenn sich etwas als umfangreicher erweist, sollten Sie es in Ihre »4 Kategorien« zerlegen und später bearbeiten.

Weil uns dieser Master Move hilft, wichtige Informationen in ein strukturiertes System einzupflegen, können wir im Rahmen unserer wöchentlichen beziehungsweise täglichen Q2-Planung leicht erkennen, was zu tun ist. Wir verfügen über eine robuste und vollständige zentrale Aufgabenliste, die wichtigen Termine stehen in unserem Kalender und wir wissen, wo wir unsere wichtigen Kontakte, Notizen und Dokumente finden. Somit sind wir in der Lage, überlegte und richtige Entscheidungen zu treffen und unsere Aufmerksamkeit auf die großen Steine zu richten.

Die ersten zwei Master Moves bilden eine Einheit und haben vielen unserer Kunden sehr geholfen. Eine Kundin erzählte uns davon:

Ich war so erfüllt von all den neuen Dingen, die ich über mein Posteingangsfach und meinen Kalender erfahren hatte, dass ich den Freitagabend mit Aufräumen verbrachte. Mittlerweile sind die mehr als 19 000 E-Mails in meinem Posteingangsfach auf null geschrumpft. Ich habe Regeln, Ordner und Unterordner eingerichtet. Das Gefühl, organisiert zu sein, macht mich so glücklich, und ich kann gar nicht sagen, wie sehr mich mein Posteingangsfach jeden Morgen gestresst hat.

Ein anderer berichtete:

Das erste Aufräumen meiner 7500 Mails war eine Sache für sich, aber was ich erzählen wollte, ist, dass ich auch jetzt, zwei Wochen nach Ihrem Webinar, nur eine Mail in meinem Posteingang habe, und auch das erscheint mir noch zu viel. Ich habe mich noch nie so sehr als Herr meiner Situation gefühlt. Ich kann mir nicht vorstellen, jemals zum alten Zustand zurückzukehren.

Sobald Sie erkannt haben, wie wirkungsvoll diese ersten zwei Master Moves sind, wird Ihr Mailprogramm für Sie arbeiten statt andersherum. Wenn Sie ein System wie Outlook, Google oder Lotus Notes verwenden, erleichtert Ihnen die Integration von E-Mail-Programm, Kalender und Aufgabenliste die Anwendung des zweiten Master Moves zusätzlich.

Wie Sie diesen Schritt optimieren

Wenn Sie den 2. Master Move – in das verwandeln, was es ist – etwas besser beherrschen, können Sie andere ermuntern, Ihnen E-Mails zu schicken, damit Sie diesen Master Move weiter üben können. Hier ein paar Beispiele:

- Wenn Sie angesprochen werden, ob Sie und Ihr Finanzpartner an der Sitzung heute Morgen um zehn teilnehmen mögen, könnten Sie den Betreffenden bitten, Ihnen entweder eine E-Mail mit den Details oder eine Einladung zu schicken, damit Sie diese Daten leicht in Ihren Kalender übertragen können.
- Wenn jemand, mit dem Sie zu Mittag essen, Sie fragt, ob Sie Zeit hätten, eine Studie gegenzulesen, und Sie dazu bereit sind, können Sie ihn bitten, Ihnen eine E-Mail mit dem Dokument als Anhang zu schicken, damit Sie es in eine Aufgabe verwandeln können.

Sobald Sie Übung in diesem Master Move haben, werden Sie in allem, was Ihnen begegnet, die darin enthaltenen »4 Kategorien« zu erkennen versuchen. Mit oder ohne elektronische Helfer werden Sie alles in das verwandeln, was es ist. Zum Beispiel:

- Sie erhalten eine Textnachricht mit der Bitte, auf dem Heimweg Milch und Brot zu besorgen, und tragen dies sofort in Ihre Aufgabenliste ein. Falls Sie diese elektronisch führen, können Sie auch gleich noch einen Alarm setzen, um ganz sicherzugehen, dass es ein netter Abend wird!
- Sie sehen eine Reklametafel mit Details zu einem neuen Musical, das demnächst in die Stadt kommt und das Sie schon immer sehen wollten. Sie vertrauen diese Information nicht einfach Ihrem Kopf an, sondern tragen sie in Ihre zentrale Aufgabenliste ein! (Wenn Sie am Steuer sitzen, halten Sie bei nächster Gelegenheit kurz an, um sich und andere nicht zu gefährden!)
- Sie entdecken ein Rezept, das Sie irgendwann einmal ausprobieren möchten. Kopieren oder kleben Sie es in Ihr Notizbuch, anstatt es als losen Zettel in irgendwelchen ominösen Papierstapeln im Küchenschrank verschwinden zu lassen.

Das Entscheidende hier ist: Sobald Sie ein robustes System zur Verwaltung Ihrer »4 Kategorien« geschaffen haben, sollten Sie sich jedes Mal, wenn Ihnen etwas Wichtiges begegnet, den kurzen Moment Zeit nehmen, um diesen neuen Punkt ebenfalls in das System einzupflegen, damit es Bestandteil Ihrer Q2-Planung wird und verfügbar ist, wann immer Sie es brauchen.

3. Master Move: Verknüpfen, um zu finden

Sind Sie schon einmal zu spät zu einer Sitzung gekommen, weil Sie Mühe hatten, all das zu finden, was Sie dafür benötigten? Oder haben Sie sich schon einmal erfolgreich zwei Stunden Zeit freigehalten, um an einem Projekt zu arbeiten, nur um die erste halbe Stunde nach den richtigen Informationen zu suchen?

In welchem Quadranten befinden Sie sich, solange Sie emsig nach irgendetwas suchen? Meist handelt es sich um eine selbstverschuldete Q1-Aktion. Wir könnten unsere Zeit für Wertvolleres nutzen, und genau dazu verhilft uns der 3. Master Move – verknüpfen, um zu finden.

Der Paradigmenwechsel für diesen Schritt besteht darin, zu erkennen, welche Informationen sich aufeinander beziehen, und unsere Ressourcen unter den »4 Kategorien« aktiv und im Voraus, so gut es geht, miteinander zu verlinken, damit wir später nicht mehr danach suchen müssen. Er basiert auf dem Prinzip der Vorbereitung und benötigt in den meisten Fällen kaum Zeit.

Natürlich ermöglichen viele Suchfunktionen mittlerweile eine effektive Suche nach digitalen Informationen. Indem Sie möglichst viele Informationen strukturieren und miteinander verlinken, verringern Sie jedoch weiter das Risiko, dass Sie etwas nicht finden, wenn Sie es brauchen. Sie fühlen sich dann sicherer und können sich eher wieder den wichtigen Dingen zuwenden, an denen Sie gerade arbeiten. Noch dazu sind Suchfunktionen machtlos, wenn es sich um Informationen in Papierform handelt.

Die Verlinkung kann folgende Form haben:

- das Dokument selbst;
- ein aktiver Hyperlink zum Dokument;
- einen Textverweis.

Nachfolgend einige Beispiele, wie das funktioniert:

- John hat in ein paar Wochen eine Besprechung, und er weiß, dass er dafür einige Berichte vorbereiten muss. Anstatt bis zur letzten Minute zu warten, speichert er diese elektronischen Dokumente innerhalb des Termins in seinem Kalender ab, damit er in der Besprechung nur noch darauf klicken muss, um Einblick zu erhalten.
- Falls John Sorge hat, ein Duplikat seines Dokuments zu erzeugen – was er unweigerlich tut, wenn er es im Termin ablegt –, ermöglichen ihm einige Programme, stattdessen einen aktiven Hyperlink auf das Dokument zu setzen, das sich an anderer Stelle auf seiner Festplatte befindet. Wenn er dann auf den Link klickt, öffnet er die Originaldatei. Er könnte auch einen Link auf einen Artikel setzen, den er im Internet gelesen hat, und der für die Besprechung relevante Informationen enthält. In der Besprechung muss er dann nur noch auf den Link in seinem Termineintrag klicken, um die Informationen aufzurufen.
- Angenommen, John verwendet ein papiergestütztes System oder benötigt einige andere Dateien, die sich nicht auf seiner Festplatte oder im Netz befinden. In diesem Fall würde er sich einen schriftlichen Vermerk machen, der ihn daran erinnert, was er

mitnehmen muss und wo er es findet. Er könnte also einen Verweis wie den folgenden im Kommentarfeld seines Termineintrags eingeben:

<<Marketingdatei/Quartalsberichte/Marktpreisbericht>>

Die spitzen Klammern am Anfang und am Ende dieses Verweises zeigen John, dass mit dieser Besprechung Informationen verlinkt sind. Der Verweistext sagt ihm, wo er diese Informationen findet (Marketingdatei/Quartalsberichte) und welches konkrete Dokument gemeint ist (Marktpreisbericht). Das Format dieses Verweises ähnelt einem Hyperlink, wie er im Internet verwendet wird und beispielsweise in der Adressleiste Ihres Browsers erscheint. Der einzige Unterschied ist, dass John ihn eintippt, weil er auf etwas verweist, das sich nicht durch Anklicken aufrufen lässt.

Auf das Format kommt es nicht an. Das Prinzip besteht schlicht darin, dass Sie Ihre Dinge zusammentragen, solange alles präsent und abrufbereit ist, damit Sie nicht später danach suchen müssen, wenn es in Ihrem Kopf schon wieder verblasst ist.

Es gibt zahlreiche Varianten dieser Technik. Zum Beispiel:

- Wenn Sie eine Gruppenbesprechung ansetzen und alle Beteiligten ein bestimmtes Dokument dafür benötigen, sollten Sie es dem Besprechungstermin beifügen. Auf diese Weise hat jeder Zugang dazu und braucht Sie später nicht danach zu fragen.
- Wenn Sie zu einer Gruppenbesprechung geladen sind und persönliche Dokumente mitnehmen möchten, die nicht für die Augen der übrigen Teilnehmer bestimmt sind, können Sie einen parallelen Termin einrichten, der nur in Ihrem Kalender auftaucht. Betiteln Sie ihn mit »Dokumente für die Besprechung« und verlinken Sie ihn dorthin. Auf diese Weise sind die Dokumente während der Besprechung für Sie und niemanden sonst einsehbar.
- Auf einem gemeinsam genutzten Server liegt ein Finanzbericht, der regelmäßig von diversen Seiten aktualisiert wird und dessen jeweils aktuelle Fassung Sie jede Woche für Ihre Teambesprechung benötigen. Die meisten Programme bieten die Möglichkeit, einen Link auf das Dokument zu setzen und diesen Link in die wöchentlich wiederkehrenden Termine zu übertragen, sodass Sie stets nur auf den Link klicken müssen, um die neuesten Daten zu erhalten.

Wie viele Links und Verweise Sie Ihren Terminen hinzufügen, liegt ganz bei Ihnen. Wichtig ist, dass Sie die Verlinkung nicht übertreiben und daraus eine Q4-Aktivität machen, sondern dass Sie aktiv einige gut gewählte Querverweise schaffen, die Ihnen helfen, verschiedene Dinge im Voraus zueinander in Bezug zu setzen.

Optimieren Sie diesen Schritt mit Etiketten

Etliche Programme verwenden mittlerweile unterschiedliche Formen von Etiketten als Methode, um Informationen zu strukturieren und miteinander zu verknüpfen. Sie können diese Etikettierfunktion auch nutzen, um Links zu erzeugen.

Angenommen, Sie haben ein Notiz- und Dokumentenverwaltungsprogramm auf Ihren Geräten, das Etiketten verwendet. Sie können ganz einfach Etiketten erzeugen, die auf diese Marketingbesprechungen verweisen. Jede Notiz, die Sie für Ihre Marketingbesprechung parat haben möchten, könnten Sie mit dem Etikett <Marketingbesprechung> versehen. Unabhängig davon, unter welchen anderen Kategorien diese Dokumente abgespeichert sind, genügt es dann, wenn Sie den Namen des Etiketts in Ihr Programm eingeben, um all diese Dokumente anzuzeigen. Sie können auch Hashtags verwenden, um anzuzeigen, dass es sich um ein Etikett in Ihrem System handelt, wie beispielsweise #Marketingbesprechung.

Das führt uns zurück zur Idee der Schwertlosigkeit. Der Meister kann auch dann weiter seine Kämpfe gewinnen, wenn sich die Technologie weiterentwickelt, weil seine Stärke auf der Kenntnis der zugrunde liegenden Paradigmen und Prinzipien beruht. Die konkreten Werkzeuge und Geräte sind von nachrangiger Bedeutung.

So entgiften Sie Ihr Posteingangsfach

Wo fangen Sie also an? Vielleicht denken Sie sich: »Ich habe Tausende von E-Mails, und es wird mich eine Ewigkeit kosten, daran irgendetwas zu ändern.« Wenn Sie das Gefühl haben, Ihrem Posteingangsfach gegenüber machtlos zu sein, und nur noch drastische Maßnahmen infrage kommen, finden Sie hier einen Drei-Stufen-Plan, wie Sie Ihren Posteingang aufräumen und wieder die Kontrolle darüber erlangen können. Er wird rund zwei Stunden in Anspruch nehmen, ist einfacher, als Sie vielleicht denken, und auf jeden Fall die Mühe wert.

1. Schritt: Legen Sie in Ihrem Eingangsfach einen Unterordner mit dem Namen »Entgiftung« an.
2. Schritt: Verschieben Sie alle Mails außer den neuesten 200 vom Eingangsfach in den Entgiftungsordner.
3. Schritt: Gehen Sie die im Eingangsfach verbliebenen 200 Mails durch und wählen Sie eine der folgenden Möglichkeiten:

- Löschen Sie sie.
- Richten Sie eine Regel ein, was mit ihnen geschehen soll.
- Wandeln Sie sie in Termine, Aufgaben, Kontakte oder Notizen um, damit Sie sie später bearbeiten können – und löschen Sie die Mail.

Oder Sie

- antworten sofort auf die Mail, solange es Sie nicht mehr als eine Minute kostet.

Die Bearbeitung aller 200 Mails sollte nicht zu lange dauern, denn Sie bestimmen lediglich, wohin sie gehen. Sie investieren vorläufig keine Zeit in die Bearbeitung dieser Mails, es sei denn, Sie benötigen dazu höchstens eine Minute. Mit diesen drei Schritten haben Sie Ihr Eingangsfach gesäubert und einige Grundregeln aufgestellt, damit es auch sauber bleibt.

Wenn Sie aus irgendeinem Grund eine Mail aus Ihrem Entgiftungsordner benötigen, können Sie sie dort suchen. (Das haben Sie auch bislang schon getan!) Wahrscheinlich wird das nicht allzu häufig vorkommen. Dafür ist Ihr Eingangsfach jetzt sauber und Sie sind für den Neuanfang gerüstet.

Um auch künftig die Kontrolle zu behalten, sollten Sie regelmäßig Zeit einplanen, um Ihre E-Mails zu bearbeiten. Zögern Sie nicht, neue Regeln aufzustellen, wenn eine Sorte Mails eintrifft, für die es bislang noch keine Regel gab. Schon bald werden Sie ein gut funktionierendes Postfach haben, das mit unsichtbarer Hand für Sie arbeitet.

Das Q2-E-Mail-Manifest: E-Mail-Verhaltensregeln aufstellen

Um die E-Mail-Schlacht in Ihrer Organisation zu gewinnen, gibt es ein Erfolgsrezept: Vereinbaren Sie allgemeine Verhaltensregeln rund um das Thema E-Mail und andere Formen der Kommunikation. Das ist besonders wichtig, wenn Sie der Chef sind, aber selbst wenn nicht, können Sie immer noch in Ihrem Einflussbereich im Team oder in der Organisation die Flut an Informationen beeinflussen und in die richtigen Bahnen lenken.

Leidet Ihr Unternehmen beispielsweise unter der »Allen antworten«-Krankheit? Aus irgendeinem Grund ist diese unsinnige Angewohnheit in der ganzen Welt verbreitet. Was ist mit Blindkopien? Stehen Sie auf jedem Verteiler im gesamten Unternehmen? Wie sieht es mit Dankes-E-Mails aus? Wie weit treiben Sie das Spielchen von »Danke« und »Gern geschehen«? Hier ist das Beispiel eines Q2-Manifests, mit dem Sie die Kommunikationsgewohnheiten in Ihrem Unternehmen identifizieren und modifizieren könnten.

Unser Q2-E-Mail-Manifest

Wir verpflichten uns, einander dabei zu helfen, im Q2-Quadranten zu bleiben und Q3-Aktivitäten und unnötige Q1-Aktivitäten bewusst zu vermeiden, indem wir folgende Regeln einhalten. Wir werden:

- vor dem Versenden einer E-Mail genau überlegen, ob sie wirklich erforderlich ist. Bringt sie den oder die Empfänger möglicherweise in den Q3- oder Q1-Quadranten?
- in der Betreffzeile spezifizieren, ob es sich um Q1 oder Q2 handelt, damit ihre Priorität auf den ersten Blick erkennbar ist;
- die Funktion »Allen antworten« nur nutzen, wenn es absolut notwendig ist;
- unsere Verteiler überprüfen, um sicherzustellen, dass sie aktuell sind und die richtigen Namen enthalten;
- nur Personen in CC setzen, die die Mail wirklich sehen müssen;
- E-Mails so kurz wie möglich abfassen, um die bestmögliche Reaktion zu bekommen;

- nach zwei oder höchstens drei Runden in einem Gesprächsfaden zum Telefon greifen, um das Thema zu besprechen;
- mit der Prioritätskennzeichnung zurückhaltend umgehen und Mails nur dann als »wichtig« oder »eilig« markieren, wenn sie es wirklich sind. Wir vereinbaren »normale« Antwortzeiten und verzichten darauf, 15 Minuten nach Versand einer Mail nachzuhaken, ob die Mail angekommen ist. Das gehört in den Q3-Quadranten.

Auch wenn sich dieses Manifest auf E-Mails beschränkt, gibt es viele weitere Formen der Kommunikation (wie Kurznachrichten oder Chat), die Grenzen und Grundregeln erfordern. Sie können sie Ihrem Manifest hinzufügen, soweit sie für Ihre Organisation relevant sind.

Sie können diese Idee auch auf den Kontakt zu Familienmitgliedern und anderen Personen anwenden. Nehmen Sie sich die Zeit und klären Sie, was jemand, der Sie während Ihrer Arbeitsstunden oder zu anderen Zeiten zu erreichen versucht, erwarten kann. Indem Sie diese Erwartungen gemeinsam definieren, ersparen Sie sich unter Umständen viel Frust und vermeiden, dass Ihre Beziehungen leiden.

Ein Bereich, in dem die Klärung der Erwartungen helfen kann, ist die Kommunikation außerhalb der Kernarbeitszeit. Angenommen, Sie erhalten von Ihrem Vorgesetzten abends um zehn eine E-Mail oder eine Kurznachricht, in der er Sie bittet, etwas zu tun, zu schicken oder in Erfahrung zu bringen. Erwartet er, dass Sie das sofort tun? Werden Sie deswegen unruhig schlafen? Fakt ist, dass wir dank der neuen digitalen Technik jederzeit erreichbar sind – und dass die Menschen auf recht unterschiedliche Weise versuchen, ihr berufliches und privates Leben miteinander zu vereinbaren.

Wir kennen eine Führungskraft, die sich nachts gerne mit ihren E-Mails beschäftigt. Sie hat ihren Mitarbeitern klar zu verstehen gegeben, dass sie alle außerhalb der Arbeitszeit eintreffenden Mails von ihr ignorieren dürfen, es sei denn, im Betreff steht der Zusatz »Q1«. In diesem Fall handelt es sich um etwas wirklich Wichtiges. Es gibt wenig, das nicht bis zum Morgen beziehungsweise bis zum Wochenbeginn warten kann. Im Übrigen verschickt sie nach Büroschluss keine Kurznachrichten. Kurznachrichten, die außerhalb der normalen Zeiten eintreffen, erzeugen beim Empfänger ein Gefühl der Dringlichkeit, das es schwer macht, nicht nachzuschauen. Aber warum sollte sie ihren Mitarbeitern Stress bereiten? Die Verständigung über klare Erwartungen, wie wir mit diesen Kommunikationsformen umgehen wollen, erspart uns und anderen viel Stress.

Lesen Sie das Kapitel »Wie Sie in Ihrem Unternehmen eine Q2-Kultur schaffen«, um mehr darüber zu erfahren, wie Sie gemeinsame Regeln vereinbaren, die eine solche Q2-Kultur in Ihrem Unternehmen fördern.

Q2-Produktivitätsbeschleuniger: Für alles gibt es eine App!

Kein Kapitel über elektronische Helfer wäre vollständig ohne einen Abschnitt über die Welt der Apps und der mobilen Geräte.

Die gute Nachricht lautet, dass es für so gut wie alles, was Sie sich denken können, zahlreiche kostengünstige oder kostenlose hochwertige Apps gibt.

Die schlechte Nachricht lautet, dass es für so gut wie alles, was Sie sich denken können, zahlreiche kostengünstige oder kostenlose hochwertige Apps gibt.

Die Mehrzahl der mehr oder weniger kostenlosen, interessanten und sofort erhältlichen Apps führt lediglich dazu, dass es diesen elektronischen Geräten noch leichter gelingt, uns in unserer Arbeit zu unterbrechen und abzulenken. In die Entscheidung, eine App zu testen, gehen kaum Renditeüberlegungen ein, es sei denn, wir stellen sie selbst an. Deswegen sind App-Stores auch so erfolgreich!

Aber nachdem wir jetzt eine klare Vorstellung vom 2. Quadranten und den Kosten gewonnen haben, die eine Ablenkung mit sich bringt, und wir mittlerweile wissen, wie verlockend neue, glitzernde Dinge auf uns wirken können, können wir auch besser mit dieser neuen Quelle unablässig sprudelnder Informationen umgehen.

Besinnen Sie sich auf Ihre Q2-Rollen und -Ziele und werfen Sie einen kritischen Blick auf das App-Portfolio auf Ihrem Smartphone oder Tablet. Gehören diese Apps in den 2., 3. oder 4. Quadranten? Was davon sollten Sie löschen und was behalten? Was sollten Sie hinzunehmen, jetzt, wo Sie mit den Grundregeln effektiver Technologie und Produktivität vertraut sind?

Wenn Sie Ihre Apps durch die Brille der Zeit-Matrix™ betrachten, werden Sie sehen, dass einige davon sehr produktiv sind. Sie ersparen Ihnen Zeit und Geld und helfen Ihnen, wichtige Ziele zu erreichen. Reise-Apps, Fitness-Apps, Nachrichten-Apps, Apps für die private Finanzverwaltung, Social-Media-Apps und so weiter sind echte Beschleuniger in ihren jeweiligen Bereichen. Es gibt sogar hervorragende Spiele, die Ihre Entspannung fördern.

Wichtig ist, dass wir hier dieselben Prinzipien berücksichtigen, die wir auch auf andere Technologieformen anwenden. So können wir uns bewusst eine Reihe von Ressourcen zulegen, die uns weiterbringen, anstatt uns einer Reihe von Ablenkungen auszusetzen, die uns lediglich von den wirklich wichtigen Dingen abhalten.

Wie Sie den Kampf gewinnen

Das Erlernen einer Kampfsportart erfordert Zeit, Ausdauer, Übung, die Bereitschaft, aus Fehlern zu lernen, und noch einmal Übung, aber der Ertrag ist exponentiell zum Einsatz. Die Q2-Prozesslandkarte hilft uns, unnötige Informationen aus der Flut herauszufiltern und die großen Steine vor dem Ansturm der kleinen zu schützen. Sie verschafft uns die nötige Perspektive, damit wir auch in stürmischen und chaotischen Zeiten in der Lage sind, gute Entscheidungen zu treffen, wie wir unsere Zeit und Energie nutzen wollen.

In jeder Konfliktsituation kommt es am Ende darauf an, innerlich ruhig und klar im Kopf zu bleiben. So können wir im Augenblick der Entscheidung geschmeidig und mit dem nötigen Urteilsvermögen handeln. Die Fähigkeiten, die wir in diesem Kapitel vorgestellt haben, sind alle sehr wichtig – unverzichtbar ist jedoch noch eine andere Fähigkeit: Wir müssen unserem natürlichen Trieb, auf jeden Piep- und jeden Klingelton zu reagieren, widerstehen lernen und stattdessen aus einer zentrierten, klarsichtigen Q2-Perspektive heraus handeln.

Wie Yoshikawa Eiji, der berühmte japanische Autor historischer Romane, sagte: »Wer den Kampfsport wirklich erlernen will, ist mehr damit beschäftigt, seinen Geist zu trainieren und seine Seele zu disziplinieren, als damit, seine Kampfsporttechniken auszubauen.«

Indem wir regelmäßig die Elemente der Q2-Prozesslandkarte einüben, können wir unsere Q2-Einstellung stärken und uns wie ein Meister auf die größeren und wichtigeren Dinge im Leben konzentrieren.

Einfache Schritte für den Anfang

Sie können mit der Umsetzung der Prinzipien und Verhaltensweisen der 4. Entscheidung – die Technologie beherrschen; uns nicht von ihr beherrschen lassen – beginnen, indem Sie einen oder mehrere der folgenden einfachen Schritte unternehmen. Wählen Sie aus, was Ihnen am meisten zusagt.

- Denken Sie darüber nach, wo Sie Ihre »4 Kategorien« speichern. Wählen Sie eine Kategorie aus und überlegen Sie sich eine bessere Methode, diese Informationen zu verwalten.
- Nehmen Sie sich 15 Minuten und formulieren Sie einige Regeln für den Umgang mit den E-Mails, die Sie am meisten ablenken oder Ihnen die meisten Probleme bereiten.
- Verwandeln Sie fünf E-Mails in das, was sie sind.
- Blicken Sie nach vorn und überlegen Sie, bei welcher anstehenden Besprechung Sie bestimmte Dokumente benötigen. Verlinken Sie diese Dokumente mit der Besprechung.
- Nehmen Sie sich zwei Stunden Zeit und räumen Sie Ihr Posteingangsfach auf (siehe Seite 142).
- Schauen Sie sich die Vorschläge in Anhang A – die Top 25 des E-Mail-Schreibens – an. Wählen Sie zwei oder drei aus und finden Sie heraus, ob andere Mitglieder Ihres Teams bereit sind, sie gemeinsam mit Ihnen zu implementieren.

- Elektronische »Helfer« führen unter Umständen dazu, dass mehr Kies auf uns einprasselt und uns unter sich begräbt.

- Streben Sie nach dem Kampfsportideal der Schwertlosigkeit. Eignen Sie sich die zugrunde liegenden Prinzipien und Techniken an, die Sie befähigen, jedes beliebige elektronische Gerät auf Q2-Art zu nutzen.

- Erkennen Sie Ordnung im Chaos und ordnen Sie die einströmenden Informationen in vier Kategorien: Termine, Aufgaben, Kontakte und Notizen / Dokumente.

- Halten Sie sich, wenn Sie ein Papiersystem verwenden, an die Regel des eindeutigen Ortes. Im Falle eines elektronischen Systems lautet die Regel: Alles ist von überall erreichbar.

- Verteidigen Sie die drei Master Moves: gewinnen, ohne zu kämpfen; die Dinge in das verwandeln, was sie sind; verknüpfen, um zu finden.

- Formulieren Sie zusammen mit Ihrer Familie oder Ihrem Team ein Q2-Manifest.

- Wählen Sie Ihre Apps gemäß den Prinzipien der 5 Entscheidungen.

Energie-
management

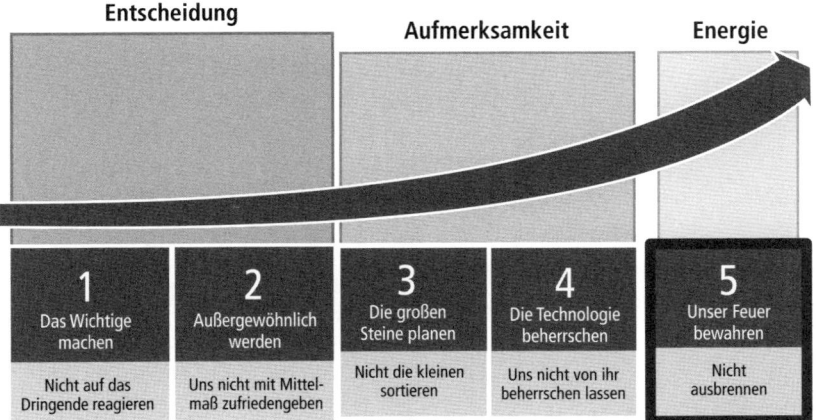

Entscheidung   Aufmerksamkeit   Energie

1	2	3	4	5
Das Wichtige machen	Außergewöhnlich werden	Die großen Steine planen	Die Technologie beherrschen	Unser Feuer bewahren
Nicht auf das Dringende reagieren	Uns nicht mit Mittelmaß zufriedengeben	Nicht die kleinen sortieren	Uns nicht von ihr beherrschen lassen	Nicht ausbrennen

Die 5. Entscheidung:
Unser Feuer bewahren; nicht ausbrennen

»Denn die Wirklichkeit der Vernunft ist Leben.«
ARISTOTELES[36]

Marianne, eine gute Freundin, befand sich an einem beruflichen Scheideweg. Sie war eine hart arbeitende Führungskraft, die es ganz nach oben geschafft hatte, aber sie litt unter ständigen Schmerzen und ihr Kopf fühlte sich den ganzen Tag vernebelt an. Sie war nicht mehr vollständig in der Lage, klar zu denken, und verlor so allmählich auch das Vertrauen in die eigene Fähigkeit, wichtige Entscheidungen zu treffen; manchmal vergaß sie sogar wichtige Informationen. Anfangs glaubte sie, diese Entwicklung sei nur ihrem Alter geschuldet und das ginge ja auch anderen so. Als die Symptome schlimmer wurden, wuchs ihre Sorge um den Job, und sie fürchtete, ihrer Führungsaufgabe nicht mehr gerecht zu werden. Sie dachte an die Menschen, die von ihren Entscheidungen abhängig waren, und begann zu fürchten, dass man ihr früher oder später kündigen würde, weil sie unfähig war, das zu leisten, was der Job von ihr verlangte. Bevor es so weit käme, wollte sie lieber von sich aus kündigen.

Eines Tages, als sie sich gerade wieder Gedanken um ihre Zukunft machte und in großer Sorge war, empfahl ihre Tochter ihr eine spezielle gesunde Ernährung und sportliche Übungen, von denen ihr eine Ärztin erzählt hatte. Marianne dachte, dass sie nichts zu verlieren hatte; sie besuchte die Ärztin und begann, ihre Essens-, Schlaf- und Sportgewohnheiten zu ändern. Es dauerte keine zwei Monate, bis sie einen deutlichen Rückgang der Schmerzen und eine beeindruckende Zunahme ihrer Kräfte und ihrer Denkfähigkeit wahrnahm. Innerhalb eines Jahres nahm sie 23 Kilogramm ab und fühlte sich jünger, frischer und kräftiger als in vielen Jahrzehnten davor. Vor allem aber arbeitete sie weiter als Führungskraft für ihr Unternehmen und entwickelte in dieser Rolle mehr Dynamik und Überzeugungskraft als jemals zuvor.

In diesem Buch behandeln wir das Gehirn als unser wichtigstes Werkzeug, das wir optimieren müssen. Um außergewöhnlich produktiv zu sein, müssen wir unser Leben bewusst gestalten und praktisch in jeder wachen Minute des Tages wertschöpfende Entscheidungen treffen. Wir müssen eine bestimmte Geisteshaltung kultivieren; sie hilft uns, die subtilen Gedanken zu registrieren, die uns einen Hinweis darauf geben, was für uns beruflich und privat von wirklicher Bedeutung ist – und nur dann können wir Entscheidungen treffen, die diese Dinge an die erste Stelle setzen. Wir müssen ein Gespür für die Antworten auf Fragen entwickeln wie: »Ist das wichtig?« »Steht das im Einklang mit meinen wichtigsten Rollen und Zielen?« »Habe ich die wichtigsten Dinge in meiner Wochen- und Tagesplanung berücksichtigt, sodass ich inmitten all der kleinen Kieselsteine Zeit für sie finde?« »Widerstehe ich den Versuchungen meiner elektronischen Helferlein, und gelingt es mir, unnötige Q3- und Q4-Aktivitäten zu vermeiden?«

Für all diese bewussten Anstrengungen benötigen wir außergewöhnliche Verstandeskräfte. Um mit dem denkenden Gehirn bewusst den Tag zu gestalten, brauchen wir viel Energie. Obwohl unser Gehirn nur rund zwei Prozent unseres Körpergewichts ausmacht, verbraucht es über den Tag gerechnet rund 20 Prozent unserer gesamten Energie.[37] Stressbeladene Aufgaben beeinträchtigen zudem unsere Stimmung, unsere Gefühle und andere mit dem Gehirn zusammenhängende Funktionen, die unsere Fähigkeit, klare Gedanken zu fassen und kluge Entscheidungen zu treffen, in Mitleidenschaft ziehen können.

Wenn wir die Fähigkeiten meistern wollen, die mit der 1. bis 4. Entscheidung verbunden sind, besteht die wichtigste Q2-Aktivität auf der Liste darin, unser Gehirn mit großen Mengen Sauerstoff und der fortlaufend benötigten Glukose zu versorgen. Leider steht diese Aktivität heutzutage häufig ganz unten auf der Liste.

Haben Sie eine Energiekrise?

Unsere heutige Lebensweise – ständiger Stress, schlechte Ernährung, zu wenig Sport und Schlaf – führt zu dem, was die Wissenschaftler als Erschöpfungssyndrom bezeichnen. Alle anderen sagen dazu Burnout. Wir hetzen durch den Tag und schieben die Phasen der Ruhe und Erneuerung, die unser Gehirn und unser Körper brauchen, immer weiter auf. Das Mantra lautet: »Wie verrückt arbeiten, dann zusammenbrechen.« Wir sind sogar stolz darauf und prahlen damit: »Unser Team war bis Mitternacht auf.« »Ich habe das Wochenende durchgearbeitet.« »Ferien? Wo denkst du hin? Keine Zeit!« Am Ende macht dieses Muster die Fähigkeit unseres Gehirns zunichte, gute Entscheidungen zu treffen, und alle anderen Fähigkeiten gleich mit. Und wenn wir uns den ganzen Tag über in den Quadranten 1 und 3 bewegen, hin- und hergerissen zwischen Dringlichkeiten und Notfällen, landen wir verständlicherweise zuletzt im 4. Quadranten, wo wir uns sinnlos übertriebenen Aktivitäten hingeben. Damit sagt uns unser Gehirn, dass es überfordert ist und Zeit zur Regeneration braucht. Jetzt verträgt es nur noch die elementarsten Aufgaben, die keinen Mut und keinen Grips erfordern. Das mag im Augenblick wohltuend sein, ist aber auf Dauer nichts als Zeitverschwendung.

Außergewöhnlich produktive Menschen hingegen laden ihre Batterien stetig wieder auf. Sie haben den Tag über ein konstanteres Gefühl von Energie und Kompetenz. Weil sie eine Q2-Mentalität praktizieren, versorgen sie Gehirn und Körper regelmäßig mit Brennstoff, sodass sie Bestleistung erbringen können; sie kümmern sich fortlaufend um ihr Feuer, damit ihre Flamme nicht erlischt.

Wir möchten Ihnen helfen, genug Energie zu entwickeln, damit Sie jederzeit bewusste und überlegte Entscheidungen treffen und umsetzen können, um jeden Tag mit dem Gefühl zu beschließen, etwas geleistet zu haben. Darum geht es in diesem Kapitel.

Die Kraft der Motivation

Wir beziehen unsere mentale Energie aus zwei Quellen: aus einer starken Zielvorstellung und aus unserem Körper.

Erinnern Sie sich noch daran, wie Sie bei der 2. Entscheidung Ihr Q2-Rollenleitbild formuliert haben? Um eine Vision zu entwickeln, wie Erfolg in unseren wichtigsten Rollen aussieht, müssen wir unsere Motivation in den großartigen Beiträgen finden, die wir leisten können – das ist schon die halbe Miete. Auf diese Weise erzeugen wir gewaltige Mengen Energie und Kraft, sodass wir, wenn wir den Tag über gearbeitet haben, am Abend spüren, dass wir etwas geleistet haben.

Motivation kommt von dem lateinischen Wort *movere*, das »bewegen« bedeutet. Es braucht Energie, um etwas zu bewegen, und eine motivierende Vision kann unglaubliche Kräfte entfachen, die wir sonst vielleicht gar nicht hätten.

Vielleicht haben Sie Geschichten von Menschen gehört, die mit der Kraft einer tieferen Motivation über das hinausgehen, was sie sich selbst zugetraut hätten. Diese tieferen Quellen können in unserem Leben stärker hervortreten und uns durch unsere täglichen Aktivitäten tragen. Dazu kommt es, sobald wir das, was wir tun, bewusst mit unserer höchsten Motivation und unseren höchsten Zielen in unseren Q2-Rollen in Einklang bringen.

Laut Daniel Pink belegen zahlreiche Studien, dass Menschen, die aus einer inneren Motivation heraus agieren, »mehr Selbstachtung, bessere zwischenmenschliche Beziehungen und ein größeres allgemeines Wohlbefinden erleben«[38] als jene, denen diese inneren Motivationsquellen fehlen. Er fasst die Forschungsergebnisse mit den Worten zusammen: »Die am tiefsten motivierten Menschen – ganz zu schweigen von den produktivsten und zufriedensten – verknüpfen ihre Sehnsüchte mit einer Causa, die größer ist als sie selbst.«[39]

Während die Arbeit ohne eine starke Motivation unserem Gehirn Energie entziehen kann, kann die Arbeit mit einer starken Motivation die tieferen emotionalen Teile unseres Gehirns mit unseren spezifischen Intentionen und höheren Anliegen verknüpfen, sodass unser Gehirn mit sich selbst stärker in Einklang steht. Das ist auch für unser Privatleben wichtig, da es neben unserem hektischen Arbeitsleben häufig ins Hintertreffen gerät. Q2-Rollen und Q2-Rollenleitbilder ermöglichen es uns, unsere persönlichen Rollen neu zu überdenken und frische Energiequellen aufzutun, um sie umzusetzen. Wenn das geschieht, erleben wir eine größere mentale Kongruenz und Klarheit, während wir gleichzeitig mehr Bedeutung und Erfüllung in allem erleben, was wir tun.

Fünf Faktoren für mentale und physische Energie

Eine starke Motivation ist wichtig, doch reicht sie allein langfristig nicht aus. Ohne eine zweite, physische Energiequelle stoßen wir früher oder später an unsere Grenzen.

Das sehen Sie an Menschen, die sich für ihre Ziele begeistern, aber nicht über die physische oder mentale Energie verfügen, sie zu verwirklichen. Oder an Menschen, die mit Ach und Krach ein Projekt durchziehen und sich dabei sagen: »Danach brauche ich unbedingt eine Woche Erholung.« Oder an Menschen, die sich regelmäßig unter der Woche verausgaben, um am Wochenende buchstäblich zusammenzuklappen, weil ihr Reservetank leer ist.

Wenn unsere mentalen und physischen Energiequellen erschöpft sind, wirkt sich das auch auf unsere Ziele und Absichten aus. Sobald wir das Gefühl haben, dass wir unsere Ziele nicht erreichen können, schrauben wir unsere Ansprüche herunter und verfallen im Extremfall in Trübsinn und Verzweiflung. Damit wir weiterhin große Ziele verwirklichen und unsere alltäglichen Entscheidungen so treffen können, dass diese Ziele erreichbar bleiben, benötigen wir nachhaltige physische Energie. Diese speist sich aus einem gepflegten und gut funktionierenden Körper, der in der Lage ist, unser Gehirn mit viel Sauerstoff und der richtigen Art von Glukose zu versorgen. Die Schritte, die zu einem gesunden Gehirn führen, sind nicht kompliziert. Unsere Eltern und die Experten haben uns jahrelang erzählt, was wir dafür tun müssen. Wenn wir jedoch den gestiegenen Bedarf an konsequenten wertschöpfenden Entscheidungen und an konzentrierter Aufmerksamkeit im 21. Jahrhundert berücksichtigen, gewinnen diese Faktoren einer guten Gehirngesundheit eine ganz neue Bedeutung. Die fünf Energiefaktoren finden Sie im folgenden Diagramm dargestellt:

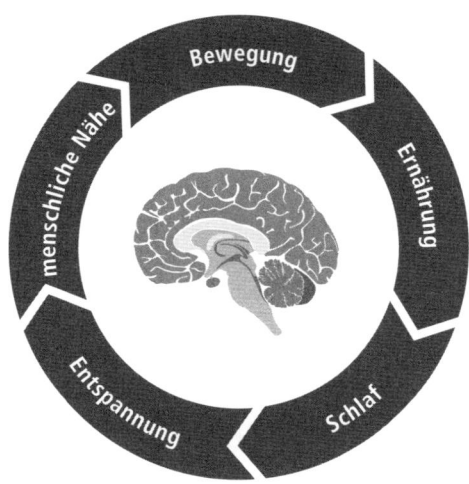

1. **Bewegung.** Es geht nicht nur um Sport. Unser Körper ist dazu geschaffen, sich zu bewegen, und tatsächlich geschehen mit unserem Gehirn viele gute Dinge, wenn wir uns viel bewegen, und viele schlechte Dinge, wenn wir es nicht tun.

2. **Ernährung.** Ebenso wie wir den Benzintank unseres Autos nicht mit Dreck befüllen, sollten wir unseren Körper nicht mit qualitativ schlechter Nahrung versorgen. Was wir essen, liefert den Brennstoff für unser Gehirn. Es gibt einige einfache Ernährungsregeln, die Sie befolgen können, damit Ihr Gehirn die optimale Leistung bringt.

3. **Schlaf.** Im Schlaf verfestigen wir das Gelernte, wir verbessern unser Gedächtnis und bringen unbewusst Ordnung in komplexe Informationen und Entscheidungen. Ein guter Nachtschlaf ist nicht nur angenehm, er ist auch unerlässlich für außergewöhnliche Produktivität.

4. **Entspannung.** Unsere stressbeladene Umwelt kann das Gehirn stark belasten. Wir können unsere Leistung deutlich steigern, indem wir lernen, die Stressreaktionen in unserem Gehirn auszuschalten und aus einem ausgeglicheneren, entspannteren Zustand heraus zu handeln.

5. **Menschliche Nähe.** Das Gehirn benötigt zum Überleben positive menschliche Kontakte; solche Kontakte sind eine beachtliche Energiequelle. Wenn wir unsere Zeit nutzen, um wertvolle Beziehungen aufzubauen und zu pflegen, erweisen wir unserem Gehirn einen wichtigen Dienst.

Wir wollen jede dieser Energiequellen näher unter die Lupe nehmen und praktische Tipps geben, wie wir diese sauberen, nachhaltigen Energiequellen in unserem Leben nutzbar machen können. Bestimmen Sie anhand des folgenden Fragebogens, wie gut Sie in jedem dieser fünf Energiefaktoren sind. Kreisen Sie die Zahl ein, die beschreibt, wo Sie sich auf der Skala befinden.

Fragen	Trifft auf mich nicht zu | Trifft auf mich ganz und gar zu
1. Ich stehe auf und bewege mich regelmäßig im Lauf des Tages.	1 2 3 4 5 6 7 8 9 10
2. Ich fördere meine Energie mit einem regelmäßigen Sportprogramm.	1 2 3 4 5 6 7 8 9 10
3. Ich ernähre mich so, dass ich den gesamten Tag über mit nachhaltiger Energie versorgt bin.	1 2 3 4 5 6 7 8 9 10
4. Ich ernähre mich bei jeder Mahlzeit nährstoffreich.	1 2 3 4 5 6 7 8 9 10
5. Ich schlafe jede Nacht mindestens sieben Stunden.	1 2 3 4 5 6 7 8 9 10
6. Ich bin mit der Qualität meines nächtlichen Schlafes zufrieden.	1 2 3 4 5 6 7 8 9 10
7. Ich habe eine effektive Bewältigungsstrategie für den Umgang mit Stress.	1 2 3 4 5 6 7 8 9 10
8. Mein Lebensstil fördert meine Fähigkeit, mit Stress zurechtzukommen.	1 2 3 4 5 6 7 8 9 10
9. Ich nehme mir die Zeit, um regelmäßig mit den wichtigen Menschen in meinem Leben zusammenzukommen.	1 2 3 4 5 6 7 8 9 10
10. Ich besinne mich regelmäßig auf den Sinn und die Werte, die mein Leben bedeutungsvoll machen.	1 2 3 4 5 6 7 8 9 10
Summe	

Als Faustregel gilt: Wenn Ihre Summe weniger als 65 beträgt, gibt es vermutlich viele Dinge, die Sie tun können, um Ihre mentale Energie zu steigern. Wenn Sie in einem oder mehreren dieser Bereiche auffällig niedrige Werte haben, sollten Sie im weiteren Verlauf des Kapitels auf diesen Faktor besonders achten. Auch wenn viele der Werte gering ausfallen, ist das kein Grund zur Sorge. Informieren Sie sich über jeden einzelnen Punkt und suchen Sie sich dann einen aus, mit dem Sie beginnen wollen. Sobald Sie hier erste Erfolge erzielt haben, werden Sie die Motivation verspüren, sich mit weiteren Faktoren zu beschäftigen.

1. Energiefaktor: Bewegung

Wir haben häufig gehört, dass Sport gut für uns ist, und das trifft sicherlich zu. Unzählige Studien bestätigen, dass regelmäßiger Sport das Gedächtnis, die Gesundheit des Gehirns und die körperliche Fitness verbessert. Viele Menschen wissen, dass sie hier einiges optimieren könnten. Wenn das auch auf Sie zutrifft, benötigen Sie vermutlich ein Q2-Ziel und einen Q2-Zeitblock, um daraus eine wichtige, im Wochenrhythmus wiederholte Q2-Aktivität zu machen.

Studien belegen außerdem, dass Sport allein für die Gesundheit des Gehirns noch nicht ausreicht.

Selbst wenn Sie regelmäßig Sport treiben, können Sie den Nutzen dieses Trainings damit zunichtemachen, dass Sie die übrige Zeit nur auf Ihrem Stuhl sitzen. Wenn man bedenkt, dass viele von uns in ihrem Job den ganzen Tag am Computer sitzen müssen, ist das ein ernüchternder Befund.

Sitzen ist das neue Rauchen

Der Forschungsstand lässt sich so zusammenfassen: Sitzen ist das neue Rauchen. Ob uns der Vergleich passt oder nicht – wir sollten nicht leichtfertig darüber hinweggehen. Unser Gehirn steht in einem symbiotischen Verhältnis zu unserem Körper; mentale und physische Energie stammen letztlich aus derselben Quelle. Unser Gehirn und der Rest unseres Körpers arbeiten in beeindruckender Weise Hand in

Hand, damit wir uns beispielsweise von einem Ort zum nächsten bewegen können. Sie bilden ein integriertes Bewegungssystem.

Solange sich Ihr Körper nicht bewegt, schaltet Ihr Gehirn auf Bereitschaft, weil vieles, wofür es entworfen wurde, nicht stattfindet. Dieser Mangel an Bewegung setzt Chemikalien frei, die Ihren Körper in den Schlafzustand versetzen. Sie verringern die Blutzufuhr zum Gehirn, reduzieren unsere Aufmerksamkeit und beeinträchtigen unser Denken und Urteilen. John Ratey von der Harvard Medical School sagt: »Alle zwei Wochen erhalten wir eine neue Studie, die belegt, dass Sitzen selbst dann unsere Gehirnzellen absterben lässt, wenn wir ansonsten körperlich in Form sind und häufig Sport treiben.«[40] Er fährt fort:

»Solange wir stehen, ist unser Gehirn um sieben Prozent aktiver, als wenn wir sitzen, weil dann unsere großen Skelettmuskeln aktiviert sind. Das Stehen schaltet den frontalen Cortex an, sodass wir klarer denken können … die größte Herausforderung besteht darin, daraus eine Gewohnheit und ein Ritual zu machen. Wir wissen, wie schwer das ist, aber sobald wir damit anfangen, wird daraus ein Automatismus.«[41]

Unser Bauplan sieht vor, dass wir uns bewegen. Unsere fernen Vorfahren sind überallhin zu Fuß gegangen, und wir sind physiologisch darauf programmiert, täglich sechs bis sieben Kilometer zu gehen. Es ist eine biologische Tatsache: Ein aktiver Körper ist für die Energieversorgung unseres Gehirns unabdingbar.[42]

Führen Sie sich die folgenden Ideen zu Gemüte und überlegen Sie, wie viel Sie sich täglich bewegen. Tun Sie das eine oder andere davon bewusst oder unbewusst? Gut! Falls nicht (und selbst wenn ja), sollten Sie sich eine oder zwei weitere Ideen herausgreifen und versuchen, sie in Ihren normalen Tagesablauf einzubauen.

- Legen Sie in regelmäßigen Abständen während des Tages Gehirnpausen ein. Stehen Sie mindestens alle 90 Minuten von Ihrem Stuhl auf, um ein paar Schritte zu gehen, und sei es auch nur bis zur Getränkeecke.
- Nehmen Sie die Treppe und nicht den Fahrstuhl.
- Nutzen Sie die Mittagspause für einen Spaziergang.
- Parken Sie ein bisschen weiter weg von der Arbeitsstelle oder dem Einkaufscenter.
- Verbinden Sie eine Besprechung mit einem Spaziergang.

Kürzlich erzählte uns ein Freund:

Manchmal, wenn ich am Tisch sitze und keine klare Entscheidung mehr treffen kann, reicht es, wenn ich aufstehe, ein wenig herumgehe, um die Dinge von mir abzuschütteln, und mich ein paar Minuten später erneut mit der Sache beschäftige. Häufig stellt sich die Antwort dann von selbst ein. Ich bin ein großer Fan von Dingen geworden, die mich tagsüber in Bewegung halten, weil ich dann so viel besser denken kann.

Welche kreativen Ideen kommen Ihnen noch in den Sinn, wie Sie in Ihrem speziellen Arbeitsumfeld Bewegung in den Tagesablauf bringen können?

Dr. Ted Eytan aus Washington, D.C., hält Besprechungen im Gehen ab. Er bezeichnet es als »WWW – *working while walking*«. Wenn Sie also einen Besprechungstermin mit jemandem haben, könnten Sie vorschlagen, das Ganze mit einem Spaziergang zu verbinden. Wenn Ihr Gesprächspartner einverstanden ist, können Sie sich zum vereinbarten Termin treffen und sofort auf den Weg machen. Sie könnten vorab einen Zielpunkt wie beispielsweise ein Café in der Nähe ins Auge fassen (oder auch nicht). So erledigen Sie nicht nur Ihre Arbeit, sondern Sie bereichern damit möglicherweise auch Ihre Beziehung. Es ist etwas Besonderes, gemeinsam mit jemandem eine Strecke Weges zurückzulegen.[43]

Und was ist mit Sport?

Bewegung den Tag über, kombiniert mit einem guten Sportprogramm, ist ohne Frage die Ideallösung. Beides trägt wesentlich dazu bei, Gehirn und Körper optimal mit Energie zu versorgen. Sport, besonders Ausdauersport, kann die physische Struktur Ihres Gehirns tatsächlich verändern. Er verstärkt Ihre Fähigkeit, Blut, Sauerstoff und Glukose in dieses energiehungrige Organ zu transportieren. Je aktiver Sie sind, desto mehr Dopaminrezeptoren befinden sich in Ihrem Gehirn, sodass Sie sich besser konzentrieren können. Dr. Ratey erklärt: »Nichts fördert das Wachstum neuer Gehirnzellen so wie Ausdauersport.«

Was für Sie funktioniert, hängt nicht zuletzt von Ihrem Alter und Ihrer Fitness ab. Natürlich sollten Sie Ihren Arzt konsultieren, bevor Sie Ihr Sportpensum verändern, aber wenn Sie Lust auf viel Sport haben, sollten Sie sich nicht davon abhalten lassen. Neueste Studien deuten darauf hin, dass die Intensität und die Vielfalt der sportlichen Betätigung den größten Einfluss auf unsere Allgemeinbefindlichkeit haben, unabhängig vom Alter.[44]

Ob wir joggen, uns an einem Mannschaftssport beteiligen, im Fitnessstudio trainieren, schwimmen, Gewichte heben oder ein Hardcore-Training in einer CrossFit-Box absolvieren – es gibt unzählige Möglichkeiten, wie Sie Ihren Körper fitter machen können. Für jedes Alter ist etwas dabei.

Der 72-jährige Gehirnspezialist Richard Restak geht mindestens dreimal in der Woche »eine halbe bis Dreiviertelstunde lang in flottem Tempo in verschiedenen Gegenden der Stadt spazieren. Auf diese Weise verbinde ich die Bewegung mit neuen Umgebungen und erhalte meine mentale Aktivität.«[45]

»Es ist niemals zu spät«, sagt Dr. Ratey. »Ich kenne 93-Jährige, deren Gehirn sich verändert, wenn sie mit Sport beginnen. Wenn Sie im mittleren Alter sind und anfangen, regelmäßig Sport zu treiben, drehen Sie Ihre Gehirnuhr um zehn bis fünfzehn Jahre zurück.«[46]

Selbst wenn Sie jung sind und sich gesund fühlen, hinterlässt zu viel Sitzen auf jeden Fall seine Spuren und bereitet den Boden für zukünftige Schwächen.

Alex war eine fleißige junge Führungskraft jenseits der 30. Er liebte seine Arbeit und widmete ihr viel Zeit und Energie. Schon in seinen Studienjahren hatte er sich dieses Arbeitstempo angewöhnt und es seither beibehalten. Zunehmend fühlte er sich jedoch abends müde und an den Wochenenden kraftlos. Nicht nur sein Familienleben begann darunter zu leiden, sondern auch die Arbeit. Er hatte häufig Kopf- und Muskelschmerzen, aber seine einzige Antwort darauf bestand darin, dass er sein Arbeitstempo noch weiter anzog und ansonsten so weitermachte wie bisher.

Das alles änderte sich, als er eines Sommers an einem Familientreffen teilnahm, zu dem seine Verwandten einen Bekannten eingeladen hatten, der von Beruf Personal Trainer war. Der Trainer erzählte von Forschungsergebnissen zu den Auswirkungen einer sitzenden Lebensweise und berichtete insbesondere davon, was mit unserem Körper geschieht, wenn wir zu viel Zeit im Sitzen verbringen. Alex stellte fest, dass die Beschreibung genau auf ihn passte. Tatsächlich hatte er die meiste Zeit während des Familientreffens sitzend auf der Couch verbracht, weil er zu müde und geschlaucht von der vergangenen Woche war, um etwas anderes zu tun. In diesem Moment dachte er bei sich: »Ich bin noch keine 40 und fühle mich wie ein alter Mann. Das darf doch nicht wahr sein!«

In der darauffolgenden Woche besuchte er den Personal Trainer, der seinen Körper einem gründlichen Check unterzog. Der Trainer ließ Alex einige einfache Gymnastikübungen machen, und das Ergebnis bestätigte Alex' eigenen Befund: Sein Zustand war besorgniserregend. Der Trainer fand sogar in Alex' Schultern und Rücken Muskeln, die überhaupt nichts mehr taten, weil seine schlechte Sitzhaltung sie praktisch überflüssig gemacht hatte. Alex war entschlossen, das zu ändern. Dazu waren die Folgen für sein Leben zu groß.

Im Verlauf der nächsten Monate arbeitete Alex mit dem Trainer zusammen. Sie begannen mit einfachen stabilisierenden Übungen und konzentrierten sich darauf, einige zentrale Muskeln wieder funktionstüchtig zu machen. Zu Beginn waren die Übungen so leicht, dass Alex sich fast dafür genierte, aber er begriff, dass seine Muskelkräfte für mehr nicht reichten. Er musste die Grundlagen für eine Gesundheit erneuern, die er verloren hatte. Unter ständiger Begleitung seines Trainers nahmen seine Kraft und seine Energie allmählich wieder zu. Alex begann sich wieder mit einigen Sportarten zu beschäftigen, die ihm früher Spaß gemacht hatten. Er strukturierte seinen Zeitplan so um, dass diese Dinge einen bevorzugten Platz erhielten.

Heute, mit über 40, sagt Alex, dass er sich fitter fühlt als je zuvor. Entscheidend war und ist die Disziplin, mit der er diese Q2-Investitionen in seine Gesundheit und Energie jede Woche betreibt. Heute hat er wieder Freude an seiner Arbeit, und es bleibt ihm auch mehr Energie für die übrigen Bereiche seines Lebens. Der feste Entschluss, seine physische Stärke wiederherzustellen, wurde zum Fundament für eine ganz neue Lebenserfahrung.

Alex ist mit seinen Erlebnissen nicht allein. Wir kennen viele Menschen, die mit ihrer Gesundheit gegen die Q1-Mauer gerannt sind und in einem wachen Moment begriffen, dass sie etwas ändern mussten. Die gute Nachricht ist, dass Sie, wenn Sie regelmäßig Q2-Zeit in diesen Faktor investieren, die Vorteile körperlicher und mentaler Gesundheit genießen können, ohne dass Sie Gefahr laufen, gegen eine Wand zu rennen.

Bedenken Sie stets die symbiotische Energiebeziehung zwischen Gehirn und Körper. Was Ihrem Körper hilft, hilft auch Ihrem Gehirn.

2. Energiefaktor: Ernährung

Eine weitere gute Möglichkeit, Ihr Gehirn mit Brennstoff zu versorgen, bietet die Ernährung. Unser freier Mitarbeiter Daniel Amen, ein Vordenker in Sachen Ernährung und Gehirn, sagt dazu:

»Nahrung kann dazu dienen, unseren mentalen Energiepegel während des Tages zu heben, aber Vorsicht ist geboten. Viele Menschen verordnen sich, wenn sie gestresst sind, Dinge, die schlecht für sie sind, wie beispielsweise zuckerreiche Nahrung oder Alkohol. Am effektivsten begegnen wir Stress mit einer gesunden Diät, weil diese unseren Blutzuckerspiegel reguliert.«

Was Daniel Amen beschreibt, hat seine Wurzeln in der Chemie des Gehirns.

Das Gehirn arbeitet auf Glukosebasis. Viele Menschen greifen, wenn sie sich müde und schlapp fühlen, nach der schnellen Dosis Zucker (oder Koffein oder einem anderen Aufputschmittel), damit ihr Gehirn wieder Wohlgefühl signalisiert. In Wahrheit aber führt diese Dosis lediglich dazu, dass der Energiepegel des Gehirns kurzfristig ansteigt, um anschließend umso tiefer zu fallen. Diese Pegelschwankungen sind schädlich für Körper und Gehirn. Kurzfristig retten wir uns so vielleicht über den Tag, aber das ist ein schlechter Ersatz für die nachhaltige gesunde Energie, die wir benötigen, um klar zu denken und Bestleistung zu erbringen.

Was unser Gehirn wirklich braucht, ist ein ständiger Nachschub an Glukose aus qualitativ hochwertiger Nahrung. In der heutigen Welt braucht es dazu eine bewusste Q2-Entscheidung, aber die Rendite in Form von gesteigerter Produktivität und einem besseren Lebensgefühl morgens wie abends ist gewaltig.

Hier sind einige Richtlinien, die Ihnen helfen können, sich so zu ernähren, dass Ihr Gehirn auf Touren kommt:

1. Nehmen Sie hochwertige Kalorien zu sich. Kalorien sind wichtig, aber eine gute Gesundheit verlangt mehr, als lediglich die Zahl der Kalorien, die wir zu uns nehmen, auf die Zahl der Kalorien abzustimmen, die wir verbrauchen. Dr. Amen sagt: »Ein Zimtkringel kann Sie 720 Kalorien kosten und Ihrem Gehirn alle Kraft nehmen, während ein 400-Kalorien-Salat aus Spinat, Lachs, Blaubeeren, Äpfeln,

Walnüssen und roter Paprika Ihren Energiepegel in die Höhe treibt und Sie klüger macht.«[47]

Wenn Sie sich hauptsächlich von stark verarbeiteten und nährstoffarmen Lebensmitteln ernähren, ist es möglich, dass Sie zugleich überfüttert und unterernährt sind. Solche Nahrung erhöht in Wahrheit den mentalen und physischen Stress, wenn Ihr Körper versucht, aus der geringwertigen Nahrung Nährstoffe zu gewinnen und all die künstlichen Zutaten zu verdauen, die wir dem Körper zuführen.[48]

Beachten Sie folgende simple Regel: Hochwertige Kalorien kommen von Bauernhöfen und nicht aus Fabriken und sollten in so naturnahem Zustand wie möglich konsumiert werden.

2. **Trinken Sie viel Wasser.** Unser Gehirn besteht zu 80 Prozent aus Wasser. Alles, was ihm Wasser entzieht, wie beispielsweise zu viel Koffein oder zu viel Alkohol, beeinträchtigt unser Denk- und Urteilsvermögen.[49] Dazu der Neurowissenschaftler Joshua Gowin:

»Unser Gehirn braucht ausreichend Wasser, um optimal zu funktionieren. Gehirnzellen benötigen die richtige Mischung von Wasser und verschiedenen Elementen, um zu arbeiten, und wenn wir zu viel Wasser verlieren, ist dieses Gleichgewicht gestört und unsere Gehirnzellen verlieren an Effizienz.«[50]

Trinken Sie viel Wasser, um ausreichend hydriert zu bleiben. Eine gute Faustregel besagt, dass wir über den Tag verteilt rund zwei Liter – das entspricht acht bis zehn Gläsern Wasser – trinken sollten.

3. **Verwenden Sie gesunde Fette.** Wenn wir das Wasser abziehen, besteht die Trockenmasse des Gehirns zu 60 Prozent aus Fett. Fette sind für unser Gehirn unverzichtbar, aber wir sollten darauf achten, dass es gesunde Fette sind – also ungesättigte Fettsäuren, wie wir sie in Avocado-, Oliven-, Raps-, Erdnuss-, Färberdistel- und Maisöl, in Nüssen (wie beispielsweise Mandeln, Cashew- und Pistazienkernen) sowie in einigen Fischsorten finden.

Während der Konsum von zu viel Fett ungesund sein kann, können auch Speisepläne mit zu wenig Fett ungesund sein und unseren Körper und unser Gehirn schädigen.

Katies Mutter hatte schon immer auf eine äußerst fettarme Ernährung Wert gelegt. Später, als die Mutter Alzheimer bekam, wurde Katie nach der Lektüre von Forschungsberichten zur Gehirngesundheit klar, dass eine übertrieben fettarme Ernährung gefährlich sein kann. Fett ist dafür verantwortlich, dass die Nährstoffe ins Gehirn gelangen, und ein Großteil des Gehirns besteht aus Fett. Es kommt vor allem darauf an, welchen Typ von Fett wir konsumieren. Heute isst Katie im Flugzeug mit Vorliebe Erdnüsse statt Laugengebäck und hat Avocado und andere gesunde Fettquellen in ihren Speiseplan aufgenommen, während sie bei tierischen Fetten und Ölen nach wie vor vorsichtig ist.

4. **Nehmen Sie hochwertige Proteine zu sich.** Hochwertige Proteine helfen, Ihren Blutzuckerspiegel zu regulieren, sie verbessern Ihre Konzentrationsfähigkeit und stellen die übrigen Bausteine für das Gehirn bereit. Zudem liefern sie die Aminosäuren, die genutzt werden, um Neurotransmitter zu bilden und Strukturen in Neuronen zu unterstützen.[51] Gute Proteinquellen sind Fisch, Truthahn (ohne Haut), Huhn, Bohnen, rohe Nüsse, fettarme Milchprodukte und höherwertige Gemüse wie beispielsweise Brokkoli und Spinat.

5. **Bevorzugen Sie komplexe Kohlenhydrate.** Komplexe Kohlenhydrate regulieren den Blutzuckerspiegel, weil sie langsamer verdaut werden. Ideal sind Kohlenhydrate mit niedrigem glykämischem Index und hohem Faseranteil. Niedriger glykämischer Index heißt, dass der Blutzuckerspiegel nach dem Verzehr des Kohlenhydrats nicht rasch ansteigt. Fasern sorgen für ausreichend Bewegung im Verdauungstrakt. Beispiele für Lebensmittel mit niedrigem glykämischem Index und hohem Faseranteil sind Vollkorngetreide, frisches Gemüse, viele Obstsorten und Bohnen.

Ein geringer Blutzuckerspiegel wird mit einer geringen Gesamtaktivität des Gehirns in Verbindung gebracht. Eine geringe Gehirnaktivität bedeutet mehr Gelüste und mehr schlechte Entscheidungen. Einfache Kohlenhydrate wie beispielsweise Lebensmittel mit hohem Zucker- und Fettanteil lassen den Blutzuckerspiegel rasch ansteigen und anschließend ebenso rasch fallen und schädigen damit Gehirn und Körper. Sie wirken sich auch auf die Suchtzentren des Gehirns aus. Deshalb sollten wir stark raffinierte Lebensmittel, Weißbrot und andere Produkte mit hohem glykämischem Index meiden. Wenn Sie sich bei einem Lebensmittel nicht sicher sind, können Sie dessen glykämischen Index jederzeit online nachschlagen.

Eine ausgewogene Ernährung mit komplexen Kohlenhydraten und mageren Proteinen in regelmäßigen Intervallen vier- bis sechsmal am Tag hält den Blutzuckerspiegel auf einem gleichmäßigen Niveau und versorgt uns konstant mit der nötigen Energie. Ein Tipp: Versorgen Sie sich am besten mit einem gesunden, zuckerfreien Snack (beispielsweise Nüssen oder Obst). Wenn die Essensgelüste Sie überkommen, greifen Sie einfach nach diesem Snack.

6. **Essen Sie alle Farben des Regenbogens.** Vielleicht haben Sie schon von der Regenbogendiät gehört. Das bedeutet, dass Sie sich von einem bunten Spektrum an natürlichen Lebensmitteln ernähren. (Gummibärchen zählen nicht.) Damit stellen Sie sicher, dass Sie die ganze Bandbreite an Spurenelementen und sekundären Pflanzenstoffen wie beispielsweise Antioxidanzien zu sich nehmen, die Gehirn und Körper benötigen. Denken Sie bei der Zubereitung Ihrer Mahlzeiten in Farben wie blau (Blaubeeren), rot (Granatapfel, Erdbeeren, Himbeeren, Kirschen, rote Paprika und Tomaten), gelb (Kürbis, gelbe Paprika, Pfirsiche und Bananen), orange (Apfelsinen, Mandarinen und Süßkartoffeln), grün (Spinat, Brokkoli und Erbsen), purpur (Pflaumen, Auberginen) und so weiter.

7. **Verwenden Sie Nahrungsergänzungsmittel behutsam.** Auch wenn viel Werbung für Nahrungsergänzungsmittel gemacht wird, beziehen Sie Ihre Nährstoffe immer noch am besten aus naturbelassenen Vollwertprodukten. Einige Ergänzungsstoffe sind allerdings umfassend erforscht und haben möglicherweise positiven Einfluss auf das Gehirn, wie beispielsweise Fischöl (reich an Omega-3-Fettsäuren) und Vitamin D. Da laufend neue Studien erscheinen, liegt es an Ihnen, sich zu informieren und Ihren Arzt oder Apotheker zu fragen.

Indem Sie über den Tag verteilt die richtige Menge an vollwertiger, natürlicher Nahrung zu sich nehmen, versorgen Sie Gehirn und Körper fortlaufend mit Glukose und anderen Nährstoffen, die Sie brauchen, um optimal zu funktionieren. Wie Colin Campbell, der Verfasser des Bestsellers *China Study – die wissenschaftliche Begründung für eine vegane Ernährungsweise*, erklärt:

» Unser Körper verfügt evolutionsgeschichtlich über ein unendlich kom-
plexes Netzwerk aus Reaktionen, die es ihm ermöglichen, aus der Voll-
wertnahrung, die er in der Natur vorfindet, das Beste herauszuholen.
Der Missgeleitete mag die Tugenden des einen oder anderen Nährstoffs
hervorheben, aber das ist zu einfach gedacht. Unser Körper hat gelernt,
von den Chemikalien im Gesamtpaket zu profitieren, indem er die einen
ausscheidet und die anderen verwendet.«[52]

Wenn wir uns auf diese Weise ernähren, stellen wir fest, dass wir keine Zuckerbomben und andere künstliche Stimulanzien brauchen, um
über den Tag zu kommen. Wir fühlen uns besser und energiegeladen-
er, sind positiver gestimmt, und unser Gehirn arbeitet besser.

Ernähren Sie sich überwiegend von hochwertiger, natürlicher Voll-
wertkost? Essen Sie über den Tag verteilt in regelmäßigen Abständen
(vier bis sechs Mahlzeiten), oder gibt es dazwischen lange Phasen, in
denen Sie gar nichts zu sich nehmen? Putschen Sie sich mit Koffein,
einfachem Zucker oder anderen Stimulanzien auf? Gibt es Dinge, die
Sie sofort ändern könnten, um Ihre Ernährungsweise gehirnfreundli-
cher zu gestalten?

3. Energiefaktor: Schlaf

Am 31. Mai 2009 stürzte die Air France 447 mit 228 Menschen an
Bord auf dem Weg von Brasilien nach Frankreich in den Atlantischen
Ozean. Keiner der Menschen an Bord überlebte. Auch wenn mehrere
Faktoren zu dem Unglück beigetragen haben mögen, zeigte sich, dass
einer dieser Faktoren mit großer Wahrscheinlichkeit der Schlafmangel
des Piloten und seiner Crew gewesen war.[53]

Die US-amerikanischen Zentren für Krankheitskontrolle und -prä-
vention bezeichneten jüngst den Schlafmangel als Volkskrankheit und
zitierten aus Studien, die das belegen:

» Schlaf wird zunehmend als wichtig für die Gesundheit anerkannt.
Schlafmangel hat einen stärkeren Anteil an Autounfällen, Industrie-
katastrophen und medizinischen und anderen berufsspezifischen Feh-
lern als bislang bekannt. ... Wer unter Schlafmangel leidet, ist anfäl-
liger für Krankheiten wie Bluthochdruck, Diabetes, Depression und

Fettleibigkeit sowie Krebs, erhöhte Sterblichkeit und eine verminderte Lebensqualität und Produktivität.«[54]

Es gibt zahlreiche Studien zu den gesundheitlichen Folgen des Schlafentzugs; uns interessiert insbesondere der Aspekt der Gehirnleistung. Liz Joy sagt dazu:

>*»Schlaf fördert die Erneuerung. Im Schlaf verfestigen wir unsere Erinnerungen. So können wir uns Dinge von einem Tag zum nächsten merken. Wenn Ihnen eine wichtige Besprechung bevorsteht, hilft es, wenn Sie diese Informationen im Schlaf verarbeiten können, damit Sie anderntags tatsächlich darauf zugreifen können. Das ist eines der Dinge, die der Schlaf für uns tut. Er verbessert unsere Denkfähigkeit. Er macht uns zu einem denkenden Menschen.«*[55]

In einer Studie zeigten Personen, die 17 bis 19 Stunden nicht geschlafen hatten, eine Denkleistung wie eine Person mit einem Blutalkoholgehalt von 0,5 Promille – mit um bis zu 50 Prozent verlängerten Reaktionszeiten. Nach längeren schlaflosen Phasen wurde ihre Leistung noch schlechter und erreichte das Niveau einer Person mit einem Promille Alkohol im Blut.[56] Unter dem Leistungsaspekt macht es also keinen Unterschied, ob wir übernächtigt oder betrunken ins Büro kommen.

Die entscheidende Frage lautet: Wie wollen wir uns den Tag über fühlen? Wollen wir mit benebeltem Kopf durch den Tag taumeln, ohne uns unserer Leistung sicher zu sein? Oder möchten wir uns lieber ausgeruht und bereit fühlen, in dem Wissen, dass wir unser Bestes geben können? Angenommen, wir wollen tatsächlich unser Bestes geben. Dann lautet die Frage: Wie bekommen wir einen besseren Schlaf?

Wenn Sie besser schlafen wollen, könnten Sie Folgendes ausprobieren:

1. Sport. Bewegung und Schlaf hängen eng miteinander zusammen. Sport ist folglich ein wunderbares Mittel, um gut zu schlafen. Wenn Sie regelmäßig Sport treiben, braucht Ihr Körper bessere Erholung und fällt auf natürliche Weise in einen tieferen und erholsameren Schlaf.[57] Da jedoch viele Menschen die Erfahrung machen, dass Sport unmittelbar vor der Schlafenszeit sie wacher statt müder macht, müssen wir darauf achten, wann wir Sport treiben. Finden Sie heraus, was für Sie funktioniert.

2. **Stellen Sie Ihre Geräte aus.** Wenn Sie vor dem Zubettgehen fernsehen oder E-Mails lesen, kann das Licht, das in Ihre Augen fällt, dem Gehirn suggerieren, es sei Tag statt Nacht. »Jede Art von nächtlichem Licht kann irritierend sein, sagen Forscher, aber die Studien der letzten Jahre verweisen in diesem Zusammenhang vermehrt auf ›blaues Licht‹, das besonders von den energieeffizienten Bildschirmen der Smartphones und Computer abgestrahlt wird.«[58] Laut Schlafforscher Steven Lockley von der Harvard Medical School »alarmiert ganz besonders das blaue Licht das Gehirn; es unterdrückt das Melatonin und verstellt zugleich unsere Körperuhr«.[59] Ganz gleich, ob sie an- oder ausgeschaltet sind, können Geräte, die sich während des Schlafes in Ihrer Nähe befinden, eine Quelle für mentale Ablenkung und Stress sein, wenn Sie sich ständig fragen, was es wohl in Ihren sozialen Medien und im Firmen-E-Mail-Fach Neues gibt. Manchen Menschen hilft es, sämtliche Geräte in einem anderen Raum zu deponieren; das erinnert sie ganz konkret daran, dass die Arbeitszeit vorbei und es Zeit zum Schlafen ist.

3. **Seien Sie vorsichtig mit Koffein und Alkohol.** Wenn Sie eine Tasse Kaffee trinken, braucht es 15 bis 30 Minuten, bis das Gehirn die stimulierende Wirkung spürt, und etwa eine Stunde, bis die Blutwerte ihren Höchststand erreicht haben. Je nach Alter, Gewicht und Koffeintoleranz sinken die Werte binnen drei bis sieben Stunden wieder auf die Hälfte. Wie William C. Dement, der Verfasser des Bestsellers *Der Schlaf und unsere Gesundheit,* erklärt: »Glauben Sie nicht, Sie könnten um sechs Uhr abends eine oder zwei Tassen Kaffee oder Tee trinken und dann ohne Koffeineinfluss um elf Uhr zu Bett gehen.«[60]

Auch Alkohol kurz vor dem Zubettgehen kann unsere Schlaffähigkeit beeinträchtigen; das wirkt so ähnlich wie eine zu schwere Mahlzeit. Die konkreten Auswirkungen auf Ihren Körper hängen jedoch auch hier von diversen Faktoren ab. Entscheidend ist, dass Sie Varianten ausprobieren und sehen, was passiert, damit Sie Ihr Verhalten so anpassen können, dass Sie am Ende tatsächlich besser schlafen.

4. Schaffen Sie ein gutes Schlafumfeld. Schlaf ist wichtig und individuelle Faktoren wie Temperatur, Beschaffenheit der Matratze, Bettzeug, Geräuschpegel und besonders das Licht im Raum haben starken Einfluss auf die Qualität Ihres Schlafes. Nehmen Sie sich etwas Zeit, um zu experimentieren und Ihren Raum so einzurichten, dass Sie darin gut schlafen können. Wenn Sie Ihr Schlafzimmer nicht allein nutzen, müssen Sie sich natürlich einigen, aber wenn Sie es richtig anstellen, werden Sie am Ende beide davon profitieren.

5. Nutzen Sie die Technik. Für die Unerschrockenen hält der Markt eine Reihe einfacher tragbarer Geräte (in Form von Armband oder Armbanduhr) bereit, mit denen Sie Ihren Schlaf messen können. Wenn Sie sich wirklich für Ihr Schlafverhalten interessieren, könnte diese Art von Investition hilfreich sein.

Entscheidend ist letztendlich, ob diese Dinge Ihren Schlaf wirklich verbessern können. Mit dem folgenden zusammenfassenden Fragebogen aus *Der Schlaf und Ihre Gesundheit* können Sie die Wahrscheinlichkeit bestimmen, dass Sie des Nachts gut schlafen werden:[61]

- Vermeiden Sie konsequent koffeinhaltige Getränke am Abend?
- Nehmen Sie Ihre Abendmahlzeit in der Regel spätestens drei Stunden vor dem Schlafengehen ein?
- Gehen Sie zu einer bestimmten Zeit ins Bett und halten Sie sich mit wenigen Ausnahmen daran?
- Haben Sie ein bestimmtes Ritual – zum Beispiel ein heißes Bad oder ein paar Seiten Lektüre –, um zu entspannen und allmählich in den Schlaf zu fallen?
- Ist es in Ihrem Schlafzimmer normalerweise die ganze Nacht über leise?
- Ist Ihr Schlafzimmer richtig temperiert?
- Empfinden Sie Ihr Bett mitsamt Matratze und Kopfkissen als den kuscheligsten Ort der Welt?
- Sind alle Betttextilien (Laken, Decken, Kissen) gerade richtig für Sie?

Mit diesen Überlegungen befinden wir uns mitten im 2. Quadranten – hier geht es um Dinge, die es sorgfältig zu entscheiden und umzusetzen gilt. Und wie alle Q2-Aktivitäten bieten sie eine überproportionale

Investitionsrendite. Fragen Sie sich: »Was ist es mir wert, den Tag mit klarem Kopf, ruhig und erholt zu verbringen und mein Bestes geben zu können?« Das ist der Lohn für ein bewusst gewähltes Schlafmuster. William Dement schreibt dazu: »Wenn Sie es ernst meinen mit Ihrer Gesundheit, Ernährung und Fitness, sollten Sie auch Ihren Schlaf ernst nehmen.«[62]

4. Energiefaktor: Entspannung

Wir neigen dazu, außergewöhnliche Produktivität mit ständiger Verfügbarkeit zu assoziieren. Doch das ist weit gefehlt. Hochleister wissen, wie wichtig bewusste, regelmäßige Erholungsphasen nach Zeiten höchster Anspannung sind. Der 4. Energiefaktor – Entspannung – handelt davon, wie wir diese Erholung gewährleisten und wie wir mit Stress in jenen Momenten umgehen, in denen wir ganz bei der Sache sind. Wenn wir diesen Punkt meistern, können wir unseren Energiepegel hoch halten.

Der Wert der Erholung

In der Welt des Hochleistungssports wird der Qualität der sportlichen Erholungsphasen große Bedeutung beigemessen. Schon seit Jahren achten die Verantwortlichen streng darauf, eine zu hohe Beanspruchung der Sportler durch das Training zu vermeiden. Werden Sportler einer starken und zu ausgedehnten Belastung ausgesetzt, droht ihnen ein Burn-out – vergleichbar mit jenem Erschöpfungszustand, der Menschen infolge einer zu starken Belastung im Beruf oder im Privatleben trifft.

Auf dem sportlichen Gebiet hat sich in den letzten Jahren die Vorstellung durchgesetzt, dass es hilfreicher ist, sich auf das Problem der nicht ausreichenden Erholung als auf das Problem der übermäßigen Beanspruchung zu konzentrieren.[63] Aus der veränderten Sichtweise ergibt sich ein veränderter Lösungsansatz. Das Ziel ist jeweils dasselbe: die Aufrechterhaltung einer hohen Leistungsfähigkeit.

Solange das Problem als Trainingsüberlastung aufgefasst wird, versuchen wir es schlicht dadurch zu lösen, dass wir die Trainingsbelastung reduzieren, vergleichbar mit der Verlangsamung unseres Arbeitstempos, wenn wir beruflich gestresst sind.

Sobald wir das Problem jedoch in der nicht ausreichenden Erholung erkennen, werden wir uns bemühen, systematisch Aktivitäten in unseren Tagesablauf zu integrieren, die uns energetisch aufladen und eine Balance zwischen Beruf und privatem Leben schaffen. Wie ein Wissenschaftler sagte: »Eine Reduzierung des Trainings ist nicht zwingend die Lösung für das Problem der Trainingsüberlastung.«[64]

Positiv formuliert sollten wir also ebenso sehr auf unsere Erholung wie auf unser Training [oder unsere Arbeit] selbst achten.[65] Das ist häufig schwierig, denn

> »wir neigen zu der Vorstellung, dass die Dinge, die wir uns wünschen – dass wir stärker, schneller, fitter werden –, nur dann eintreten, wenn wir an ihnen arbeiten und eine Form von Kontrolle ausüben. Die Idee, dass das Loslassen, das Einlegen von Pausen und der Verzicht auf Kontrolle für Heilung, Erholung und Stärkung ebenfalls eine wichtige Rolle spielen, ist uns fremd.«[66]

Und weil das so ist, »erfordert die richtige Erholung möglicherweise noch mehr Disziplin als das Training selbst«.[67]

Für unsere Zwecke heißt das, dass wir bewusst diejenigen Q2-Aktivitäten identifizieren müssen, die uns wirklich erneuern und helfen, unseren Energievorrat aufzufüllen, und dass wir dann – ohne Schuld- und Schamgefühle – diese Aktivitäten in unseren Tagesablauf einbauen müssen.

Erinnern Sie sich noch an unsere Diskussion über die Zeit-Matrix™ im Kapitel zur 1. Entscheidung, in dem es darum ging, dass manche Menschen nur verschämt eingestehen, etwas Q4-Zeit zu benötigen? In Wirklichkeit wollten sie damit sagen, dass sie Zeit zur Erholung brauchen – trauten sich jedoch nicht, das offen einzugestehen, weil sie dachten, das sei nicht vereinbar mit dem Ziel der Produktivitätsoptimierung. In Wahrheit sind Q2-Entspannung und -Erholung Aktivitäten, ohne die Produktivität nicht möglich ist. Es handelt sich um große Steine, die sich auf unsere Leistung nicht weniger auswirken als die Zeit, die wir unmittelbar mit einer Aufgabe oder einem Projekt zubringen.

Der Journalist Matt Richtel schloss sich einer Gruppe von Wissenschaftlern an, die sich für einen Selbstversuch mehrere Tage lang komplett ausklinkten. »Sie wollten sehen, was mit ihrem Gehirn und ihren Gedanken passiert, wenn sie die gewohnte Welt einmal ganz hinter sich lassen.«

Sie unternahmen eine Floßtour entlang des San-Juan-Flusses im südlichen Utah, eine der abgelegensten Gegenden Nordamerikas. Die Teilnehmer hatten eine unumstößliche Regel: keine Mobiltelefone und kein Internet. »Warum ich sage, dass die Regel unumstößlich war? Es gab ohnehin kein Telefonnetz und kein Internet. Kurz nach dem Ablegen meinte einer der Wissenschaftler, hier sei das Ende der Zivilisation. Damit meinte er, dass von nun an die Telefone nicht mehr funktionierten.«

Nach drei Tagen bemerkten die Teilnehmer an sich eine Veränderung. Sie nannten es den Drei-Tage-Effekt. »Wir begannen, uns lockerer zu fühlen. Vielleicht schliefen wir etwas besser. … Vielleicht warteten wir länger, bevor wir auf eine Frage antworteten. Vielleicht fühlten wir uns zu nichts gedrängt. Das Gefühl der Dringlichkeit verblasste.«

Die Wissenschaftler gewannen aus dem Experiment die klare Erkenntnis, dass Zeit zum Abschalten für die Gehirngesundheit von eminenter Bedeutung ist.[68]

Es gibt so viele Erholungsstrategien, wie es Menschen gibt, und manchmal lautet die richtige Empfehlung, die Arbeitslast zu reduzieren oder sogar eine längere Zeit ganz auszusetzen. Erholung und Entspannung können aber auch so einfach sein wie eine Viertelstunde Pause zum Tapetenwechsel. Manche Unternehmen haben Fitnessräume oder Ruhezonen, in denen Sie ein wenig entspannen können. In einer kleinen Firma mit nur wenigen Mitarbeitern hat man einen Raum als Ruhezone eingerichtet; dorthin können sich die Mitarbeiter jederzeit zurückziehen, um ihrem Kopf eine Verschnaufpause zu gönnen und neue Energie zu tanken, bevor sie sich wieder an die Arbeit machen.

Laut einem Artikel in der *New York Times* »häufen sich die Anzeichen dafür, dass regelmäßige Pausen von mentalen Aufgaben Produktivität und Kreativität fördern – und dass unterlassene Pausen zu Stress und Erschöpfung führen können«.[69]

Sobald Sie Ihren Tagesablauf ausgewogen gestalten und regelmäßig Zeit für Erholungsaktivitäten reservieren, werden Sie feststellen, dass dieses nachhaltige Muster aus Arbeit und Erholung es Ihnen ermöglicht, über lange Zeiträume hinweg mit Energie und Motivation Ihr Tagewerk zu verrichten.

Wir stellen Ihnen nun einige Strategien vor, die Ihnen dabei helfen könnten. Lesen Sie sie durch und überlegen Sie, was sich für Sie als Instrument zur Erneuerung eignen könnte:

1. eine ruhige Pause einlegen, nachdem Sie eine wichtige berufliche Aufgabe gelöst haben;
2. ein Hobby aktiv betreiben;
3. einen anregenden Film oder Ihre Lieblingsfernsehshow sehen;
4. einige Webseiten besuchen, für die Sie sich interessieren;
5. mit einem Freund sprechen;
6. spazieren gehen;
7. Musik hören;
8. sich massieren lassen;
9. ein kurzes, tiefes Nickerchen;
10. Sport;
11. mit Freunden ausgehen;
12. einen Ausflug in die Berge unternehmen;
13. meditieren;
14. einer ehrenamtlichen Tätigkeit nachgehen;
15. Spiele spielen;
16. Yoga;
17. mit einem Freund telefonieren;
18. Zeit mit Ihrer Familie verbringen;
19. spirituelle Übungen oder Gebete;
20. lachen;
21. Gartenarbeit;
22. ein anderes berufliches Projekt wählen;
23. ein gutes Buch lesen;
24. tief durchatmen.

Die entscheidende Botschaft an dieser Stelle lautet: Diese Aktivitäten sind nicht weniger wichtig als alles Übrige, was Sie tun, und Sie befinden sich damit mitten im 2. Quadranten. Aber eben weil es sich um Q2-Aktivitäten handelt, geschehen sie in aller Regel nicht von allein. Das bedeutet, dass Sie sich bewusst für eine Erholungsstrategie entscheiden und sie umsetzen müssen – nicht anders als im Fall der übrigen Energiefaktoren!

Im Eifer des Gefechts die Ruhe bewahren

Der andere Aspekt des 4. Energiefaktors betrifft unseren Umgang mit Stress in den Momenten, in denen wir arbeiten und keine Pause machen können.

Wenn Sie sich den Film *Gravity* angeschaut haben, haben Sie ein gutes Beispiel dafür gesehen, wie zwei Menschen eine stressvolle Situation ganz unterschiedlich verarbeiten können. In dem Film, der sieben Oscars gewonnen hat, spielen Sandra Bullock und George Clooney zwei Astronauten, die im All gestrandet sind, nachdem Weltraumschrott ihr Raumschiff getroffen und zerstört hat.

In der Geschichte ist Commander Matt Kowalski (gespielt von Clooney) ein erfahrener Astronaut, und das wird auch deutlich. Als die Schrottteile in das Raumschiff einschlagen, begegnet Kowalski der Krise mit ruhiger, konzentrierter Aufmerksamkeit und bleibt dabei Herr seiner selbst. Er verwendet seine Energie darauf, Dr. Ryan Stone (gespielt von Bullock), die zum ersten Mal im All ist, zu beruhigen. Schon vor dem Unfall ist sie angespannt und nervös, und als das Schicksal zuschlägt, geht ihr Körper in den totalen Stressmodus mit Hyperventilation und mentalem Übersprung, sodass sie zu keiner vernünftigen Äußerung oder Handlung mehr in der Lage ist. Erst als sie die Kontrolle über ihren Körper zurückgewinnt, ist sie wieder fähig, positiv zur Lösung der Situation beizutragen. Von nun an findet Dr. Stone ihren eigenen Mut und ihre eigene innere Stärke, um die Schritte zu unternehmen, die sie sicher nach Hause zurückbringen.

Auch wenn die wenigsten von uns jemals so dramatische Momente erleben, ist es interessant zu sehen, wie unterschiedlich Menschen auf Krisensituationen reagieren. Es ist immer beeindruckend, wenn jemand in ein stressbeladenes Umfeld kommt und mit aller Ruhe und Konzentration gute Entscheidungen trifft und diese selbstsicher und zuversichtlich umsetzt.

Während es einigen von Natur aus leichterfällt als anderen, diesen Zustand zu erreichen, lautet die gute Nachricht, dass diese Kunst erlernbar ist. Je besser Sie sie beherrschen, desto eher sind Sie in der Lage, auch in kritischen Momenten gute Entscheidungen zu treffen und Ihre Energie auf das zu konzentrieren, was wirklich zählt, anstatt sie an die Stressbewältigung zu verschwenden.

Die Stressreaktion, die Dr. Stone anfangs außer Gefecht setzte, hat ihre Wurzeln – Sie haben es bereits erraten – im reaktiven Gehirn. Wenn wir uns in Situationen wiederfinden, die wir als stressvoll empfinden, wird binnen Millisekunden eine ganze Flut von Chemikalien freigesetzt, die unseren Körper in Handlungsbereitschaft versetzen. Das kann drei Folgen haben: Wir machen uns bereit zum Kampf, wir machen uns bereit zur Flucht oder wie erstarren und sind weder zum einen noch zum anderen fähig. Für alle drei Ergebnisse sind dieselben Stresshormone verantwortlich: Cortisol und Adrenalin.[70]

Die Stressreaktion des Körpers kann sehr hilfreich sein, wenn wir unseren Körper mobilisieren müssen, auf eine kurzzeitige Bedrohung zu reagieren. Die Hilfe besteht darin, dass unser denkendes Gehirn mehr oder weniger ausgeschaltet wird. Das führt dazu, dass wir unter Stress nicht mehr klar denken oder gute Entscheidungen treffen können. Wenn die Stresssituation länger anhält, drohen diverse physische und mentale Auswirkungen, wie beispielsweise Störungen des Immunsystems oder Herz-Kreislauf-Erkrankungen sowie Angstzustände und Depressionen.

Im Jahr 1975 vertrat Herbert Benson in seinem wegweisenden Buch *Gesund im Stress* die These, dass wir unserem Gehirn die Stressreaktion abtrainieren und sie durch die sogenannte »Entspannungsreaktion« ersetzen könnten.[71] In den nachfolgenden Jahrzehnten wurde diese These von einer Vielzahl wissenschaftlicher Studien bestätigt, und der Mechanismus ist mittlerweile gut erforscht; wir müssen lediglich lernen, ihn auch anzuwenden. Wie Dan Harris in seinem 2014 erschienenen Buch *10 % Happier* erklärt: »Das Gehirn, das Organ der Erfahrung, das uns unser ganzes Leben lang führt, lässt sich trainieren. Zufriedenheit ist eine Kunst.«[72]

Es gibt diverse Techniken, mit deren Hilfe wir die Entspannungsreaktion erlernen können. Im Kern geht es stets darum, mentale und physische Routinen zu entwickeln, die uns helfen, innezuhalten und anders zu denken, sodass unser reaktives Gehirn in den Hintergrund tritt und wir zum denkenden Gehirn zurückkehren können. Mit ausreichend Übung wird unser Gehirn immer besser in diesen Routinen, sodass wir unsere Reaktionen auf Stress tatsächlich beeinflussen können. Welche Technik Sie verwenden, spielt keine Rolle, solange sie funktioniert und Sie sie trainieren.

Hier sind ein paar Techniken, die sich für viele Menschen bewährt haben:

- **Abstand gewinnen.** Machen Sie sich im Geiste ein Bild von der stressenden Situation oder Person und schieben Sie es weit von sich weg, sodass die Person oder die Szene klein erscheint. Unser Gehirn ist so veranlagt, dass es große Dinge, die sich unmittelbar vor uns aufbauen, als Bedrohung empfindet. Indem wir das Bild verkleinern, helfen wir unserem Gehirn, sich nicht zu sehr einschüchtern zu lassen. Zusätzlich können Sie sich vorstellen, wie die betreffende Person mit einer kleinen Piepsstimme spricht, um den Bedrohungscharakter weiter zu reduzieren und ein humoristisches Element in die Situation zu bringen.

- **Neu bewerten.** Solange wir etwas als Bedrohung oder unwillkommene Stressquelle interpretieren, wird unser Gehirn auch so reagieren. Indem Sie dieselbe Situation in etwas Positives, eine Herausforderung, die Sie unbedingt annehmen wollen, umdeuten,[73] bringen Sie Ihr Gehirn dazu, konstruktiver zu reagieren. Herausforderungen als Sprungbrett zu begreifen, um wichtige Q2-Ziele zu erreichen, kann im Übrigen sehr motivierend sein.

- **Tief durchatmen.** Indem wir tief einatmen und bis zehn zählen, verändern wir sowohl unseren Körperzustand als auch unsere Gehirnchemie. Der zusätzliche Sauerstoff ist hilfreich und sorgt für die nötige Pause, damit sich unser reaktives Gehirn zurückziehen und dem denkenden Gehirn Platz machen kann.

- **Meditieren.** Es gibt viele wissenschaftliche Beweise für die stresslindernde Wirkung regelmäßigen Meditierens. Wir erreichen nicht nur während des Meditierens selbst einen entspannteren Zustand; die Meditation wirkt sich darüber hinaus auch auf unseren Normalzustand aus, sodass wir ruhiger durch den Tag gehen und unter Druck nicht gleich panisch reagieren. Das ist ein Paradebeispiel für die Umprogrammierung unseres Gehirns und wir brauchen dazu nicht einmal einen Gebetsumhang umzulegen und uns in Richtung Nirwana zu bewegen. Es ist eine einfache Technik, mit der wir verschiedene chemische Schalter im Gehirn umlegen können, um mit Stress im Leben besser zurechtzukommen.

Kennen Sie eine wirksame Entspannungstechnik? Wenn ja, sollten Sie sie beibehalten. Wenn nicht, suchen Sie sich eine der Techniken aus, die Ihnen vielversprechend erscheint, oder probieren Sie noch andere Ideen aus. Die Fähigkeit, das reaktive Gehirn in den Hintergrund zu drängen und bewusst dem denkenden Gehirn zu seinem Recht zu verhelfen, ist eine Grundvoraussetzung für gute Entscheidungen, ohne die außergewöhnliche Produktivität nicht denkbar ist.

Automatische negative Gedanken hinterfragen

Eine letzte Technik, die wir hier vorstellen wollen, stammt von Daniel Amen. Er sagt:

> »Stress ist vermutlich der größte Räuber mentaler Energie, und die vorrangige Stressursache sind meiner Erfahrung nach die negativen Gedanken, die uns durch den Kopf gehen. Ich nenne sie ANTs – automatic negative thoughts – Gedanken, die sich uns ungefragt aufdrängen und uns den Tag verleiden.
>
> Immer wenn Sie traurig, wütend, nervös oder nicht Herr Ihrer selbst sind, sollten Sie versuchen, Ihre automatischen negativen Gedanken zu Papier zu bringen, und sich anschließend fragen, ob sie der Wahrheit entsprechen. Durch das Aufschreiben befreien Sie Ihren Kopf von diesen Gedanken. Durch das Infragestellen nutzen Sie den vorderen, denkenden Bereich Ihres Gehirns, um diese Gedanken loszuwerden.«[74]

Aufschreiben ist eine sehr wirksame Technik, und auch hier können wir das Muster erkennen: Es geht darum, das reaktive Gehirn auszuschalten und stattdessen das denkende Gehirn zu nutzen. Um die meisten Dinge ist es in Wirklichkeit nicht so schlecht bestellt, wie unser reaktives Gehirn uns glauben machen will. Und wenn doch, sind wir mit dem denkenden Gehirn besser in der Lage, damit umzugehen.

Ein abschließender Gedanke zu Q2-Planung und Stress

Mit das Beste, was Sie tun können, um den täglichen Stress zu verringern: Machen Sie sich mit den Q2-Planungssystemen aus dem Kapitel zur 3. Entscheidung – die großen Steine planen; nicht die kleinen sortieren – vertraut. Indem Sie alles Wichtige auf Ihrer zentralen Aufgabenliste versammeln, mithilfe von Q2-Zeitblöcken Ordnung und

Struktur in Ihre Prioritäten bringen und auf der Basis Ihrer tiefsten Wünsche und Motivationsgründe Ihre wöchentliche beziehungsweise tägliche Q2-Planung durchführen, werden Sie innerlich zur Ruhe kommen und ein Gefühl der Ganzheit erfahren, das Ihnen einen Großteil des Stresses nimmt, den Sie den Tag über mit sich herumschleppen. Diese Techniken werden Ihnen helfen, dem externen Druck des Alltags die Zuversicht entgegenzusetzen, dass alles seine Ordnung hat und Ihre wichtigsten Prioritäten hinreichend berücksichtigt werden.

5. Erfolgsfaktor: Menschliche Nähe

Auch wenn wir beim Thema mentale Energie möglicherweise nicht an menschliche Beziehungen denken, besteht hier doch ein starker Zusammenhang. Unser Gehirn ist nicht nur darauf eingestellt, dass wir uns viel bewegen, es ist auch ein zutiefst geselliges Organ. Unser Gehirn ist von Natur aus so angelegt, dass wir mit anderen Menschen interagieren und starke Beziehungen bilden, die unser Überleben und unser Wohlbefinden sichern helfen.

Ein Beispiel, wie dies funktioniert, ist das Hormon Oxytocin, das als Neuromodulator im Gehirn wirkt. Oxytocin verstärkt das Gefühl der Zuversicht, der Bindung und der Nähe zu anderen Menschen und reduziert Gefühle der Angst und des Stresses. Es ist ein unentbehrliches Wohlfühlhormon, das in gesunden Beziehungen gedeiht und uns auch hilft, mit den Menschen in unserem unmittelbaren Umfeld gut klarzukommen.[75]

Wenn wir in unserem Leben wohltuende Beziehungen eingehen, bieten diese eine wertvolle Quelle der Energie und des Wohlbefindens. In einer Veröffentlichung der Harvard Medical School heißt es:

»Dutzende von Studien haben gezeigt, dass Menschen mit zufriedenstellenden Beziehungen zu Familienangehörigen, Freunden und Menschen im gesellschaftlichen Umfeld glücklicher sind, weniger Gesundheitsprobleme haben und länger leben. Umgekehrt gilt: Ein entsprechender Mangel an sozialen Bindungen lässt sich mit Depressionen und einem Verfall der Denkleistung im Alter sowie einer erhöhten Mortalität in Verbindung bringen. Eine Studie kam auf der Basis der Daten von 309 000 Menschen zu dem Ergebnis, dass ein Mangel an starken Bezie-

hungen das Risiko eines vorzeitigen Todes auch immer um 50 Prozent steigert – in seiner Wirkung auf die Mortalität vergleichbar mit dem Rauchen von 15 Zigaretten pro Tag.«[76]

Zudem belegen Studien, dass gesunde menschliche Beziehungen tatsächlich einen heilenden Effekt auf den Körper haben können. »Sozialer Schmerz« wird vom Gehirn in gleicher Weise interpretiert wie physischer Schmerz (etwa bei einem Beinbruch).[77]

Dieser Nutzen entfaltet sich jedoch nur in echten Begegnungen im realen Raum und nicht etwa online. In einer Studie zum Internetkonsum und seiner Wirkung auf die Beziehungen der Teilnehmer stellten die Forscher fest, dass Onlinebeziehungen nicht dieselbe Art von seelischer Unterstützung und Zufriedenheit bieten wie echte Kontakte im realen Leben. Den Grund vermutet Robert Kraut, der Verfasser der Studie, darin, »dass Onlinebeziehungen häufig nicht so in die Tiefe gehen, mit der Folge, dass unser Gefühl der Nähe zu anderen Menschen insgesamt verkümmert«.[78]

Ein anderer Forscher erklärt: »Wissenschaftler mussten ihren Denkansatz erweitern, um sich mit der Idee vertraut zu machen, dass einzelne Neuronen oder einzelne menschliche Gehirne in der Natur nicht vorkommen. Ohne wechselseitig stimulierende Interaktionen verkümmern und sterben Menschen ebenso wie Neuronen.«[79]

Es erfordert Zeit und persönlichen Einsatz, diese Beziehungen aufzubauen und zu pflegen, und wenn wir sie nicht als Priorität behandeln, geschieht es schnell, dass wir auf die Gesundheit, Vitalität, Stärke und Energie verzichten müssen, die authentische Beziehungen zu anderen Menschen mit sich bringen. Aber häufig genug rutschen diese Dinge inmitten unseres arbeitsreichen Alltags ans unterste Ende der Liste.

Lisa war in ihren Vierzigern, als sie eines Tages das Gefühl hatte, ihr Leben von Grund auf überdenken zu müssen. Sie hatte über längere Zeit an einem anspruchsvollen Projekt gearbeitet und war dann plötzlich mit einer schweren Krankheit geschlagen, die sie zwang, mehrere Monate auszusetzen.

Sie hätte immer von sich behauptet, dass sie auch auf das eigene Wohlbefinden achtete. Sie ernährte sich gesund, trieb Sport und liebte ihre Arbeit, aber die Krankheit verschaffte ihr nun die Zeit, sich auch über andere Aspekte ihres Lebens ausführlich Gedanken zu machen. Was sie herausfand, war lehrreich und bot zugleich Anlass, ihre bisherige Lebensweise infrage zu stellen.

Sie machte sich klar, dass sie über ihr berufliches Engagement eine künstliche Sinnsuche betrieben hatte, die ihr den Blick für einige tiefere Bedürfnisse verstellte. Das Lob und die Auszeichnungen, die sie bekommen hatte, waren ein wichtiger Antrieb für sie gewesen. Aber seitdem sie nun allein zu Hause saß, wurde ihr bewusst, dass es in ihrem Innersten schon seit langer Zeit eine tiefe Leere gab. Sie sagte sich: »Ich habe keinen Treibstoff, sondern Luft verbrannt. Und als ich die Stärke brauchte, die aus tieferen Quellen kommt, waren sie nicht da.«

Sie blickte auf die Entscheidungen zurück, die sie in ihren Dreißigern getroffen hatte, wie beispielsweise die Wahl ihres Berufs, zu dem viele Reisen gehörten. Obwohl es in ihrem Leben eine Reihe von Freunden gab, hatte sie niemals eine tiefere Beziehung zu irgendjemandem entwickelt. Mit Blick auf die Zukunft fragte sie sich: »Will ich, dass das nächste Jahrzehnt genauso verläuft?«

Sie erkannte auch, dass sie sich »von einem künstlichen Lebensfluss hatte leiten lassen, der aus Aufgaben und Projekten statt aus Minuten und Stunden bestand. Meine erzwungene Auszeit brachte mir diese Minuten und Stunden sehr anschaulich zu Bewusstsein. Solange wir im Aufgabenmodus sind, verrinnen die Tage und Wochen, ohne dass wir eine echte Zeitvorstellung haben. Ganze Jahreszeiten gehen vorbei, ohne dass wir den natürlichen Rhythmus der Welt wahrnehmen. Ich sagte mir: ›Wo bin ich gewesen? Warum habe ich das alles verpasst?‹«

Lisa beschloss also, sich künftig verstärkt um den Aufbau tieferer Beziehungen zu bemühen und bewusster auf den natürlichen Rhythmus der Natur zu achten. »Gute Arbeit ist wichtig«, sagte sie sich, »aber sie füllt mich nicht in derselben Weise aus wie eine bedeutungsvolle Beziehung zu einem anderen Menschen. Die Fähigkeit zu lieben und geliebt zu werden ist so lohnend und bereichernd. Das Bedürfnis war immer da, aber es war versteckt, und ich habe es nicht wirklich wahrgenommen. Wenn diese tieferen Quellen sprudeln, habe ich mehr Orientierung und Stärke. Ich kann im Beruf und im privaten Leben bessere Entscheidungen treffen. Ich fühle mich ganz.«

Diese Geschichte unterstreicht den Wert der Balance zwischen allen 5 Energiefaktoren. Selbst wenn wir in einigen gut sind, kann die Vernachlässigung anderer Aspekte unserer Person dazu führen, dass unsere Ressourcen und Energiequellen versiegen. Wir sind ganze Menschen, und jeder Aspekt, den wir vernachlässigen oder ignorieren, wird sich früher oder später rächen.

In der heutigen Welt braucht es jedoch bewusste Q2-Anstrengungen, um allen 5 Energiefaktoren in ausgewogener Weise gerecht zu werden. Ed Hallowell sagt dazu:

»Die menschliche Begegnung verschwindet allmählich aus dem modernen Leben. An ihre Stelle tritt die Elektronik. Eine menschliche Begegnung bedarf zweierlei: der physischen Gegenwart und der Aufmerksamkeit. Sich lediglich am selben Ort aufzuhalten, schafft noch keine menschliche Begegnung. Wir können neben jemandem im Flugzeug sitzen und dennoch überhaupt keine menschliche Begegnung erleben. Wir müssen uns ganz auf den Menschen konzentrieren. Das bedeutet, dass wir den Laptop auch einmal zuklappen. Es bedeutet, dass wir das Mobiltelefon aus der Hand legen. Multitasking lässt sich mit einer produktiven menschlichen Begegnung nicht vereinbaren. Wir müssen uns von all dem lösen, Augenkontakt herstellen und uns auf den anderen Menschen einlassen – ihm zuhören, entspannen, uns Zeit lassen. ... Die Menschen hungern nach solcher Nähe, weil sie so selten geworden ist. Und wenn Sie es schaffen, alles beiseitezulegen und sich wirklich auf die andere Person einzulassen, ist es, wie wenn jemand in der Wüste nach langer Zeit eine Oase entdeckt: Ah, endlich!«[80]

Wie ist es um die Qualität Ihrer eigenen Beziehungen zu anderen Menschen bestellt? Gibt es Beziehungen, die Sie verbessern könnten? Gibt es Schlüsselbeziehungen in Ihrem Leben, die Sie vernachlässigen? Gibt es Q2-Dinge, die Sie tun könnten, um diese Beziehungen zu pflegen und auszubauen?

Die Energiekrise lösen

Jeder der 5 Energiefaktoren hat seine eigene Berechtigung. Wenn Sie in jeden einzelnen etwas Zeit investieren, werden Sie rasch Erfolge sehen. Ihre wirkliche Kraft entfalten sie jedoch erst dann, wenn Sie ein regelmäßiges Lebensmuster implementieren, das alle 5 Energiefaktoren berücksichtigt. Ein Muster aus gesunder Bewegung, Ernährung, Nachtruhe, Entspannung und menschlicher Nähe stärkt Sie als ganzen Menschen. In diesem Umfeld versorgen alle 5 Energiefaktoren gemeinsam Ihren Körper und Geist mit Brennstoff, sodass Sie besser Entscheidungen treffen, Ihre Aufmerksamkeit und Energie konzentrieren und den Tag mit dem Gefühl beschließen können, etwas geleistet zu haben.

Indem Sie Q2-Zeit in sich selbst investieren, können Sie mehr für die Ziele geben, die Ihnen wichtig sind; Sie fühlen sich besser, können klarer denken und sind offener für die großartigen Dinge, die möglich sind. Die Vertrautheit mit der 5. Entscheidung – unser Feuer bewahren; nicht ausbrennen – bildet die Grundlage für die Umsetzung aller anderen Entscheidungen und verleiht Ihnen die Energie, die Sie für alles Übrige benötigen.

Einfache Schritte für den Anfang

Sie können mit der Umsetzung der Prinzipien und Verhaltensweisen der 5. Entscheidung – unser Feuer bewahren; nicht ausbrennen – beginnen, indem Sie einen oder mehrere der folgenden einfachen Schritte unternehmen. Wählen Sie aus, was Ihnen am meisten zusagt.

- Greifen Sie sich eine Möglichkeit heraus, wie Sie sich bei der Arbeit Bewegung verschaffen können, und praktizieren Sie sie in dieser Woche mindestens einmal täglich. Machen Sie jedes Mal einen Vermerk in Ihrem Kalender, damit Ihr Kopf Ihnen gratulieren kann!
- Kaufen Sie sich gesunde Snacks (Obst, Gemüse und so weiter) und deponieren Sie sie in Ihrem Schreibtisch, damit Sie immer etwas Gesundes für den kleinen Hunger zwischendurch griffbereit haben.
- Gehen Sie eine Viertelstunde früher zu Bett, als Sie es normalerweise tun.
- Planen Sie etwas Lustiges für diese Woche, das Ihnen hilft zu entspannen.
- Verbringen Sie zusätzliche Zeit mit jemandem, der Ihnen wichtig ist.

ZUSAMMENFASSUNG

- Unser Gehirn ist unser wichtigstes Gut in dieser Welt der Wissensarbeit.

- Um den Tag bewusst und zielgerichtet zu leben, benötigen wir viel Energie.

- Es gibt zwei Energiequellen: eine klare und motivierende Zielvorstellung und einen gesunden Körper.

- Es gibt 5 Energiefaktoren: Bewegung, Ernährung, Schlaf, Erholung und menschliche Nähe.

- Indem Sie regelmäßig in diese 5 Energiefaktoren investieren, erzeugen Sie ein Lebensmuster, das Sie mit Brennstoff versorgt und verhindert, dass Sie ausbrennen.

Fazit: Ihr außergewöhnliches Leben

»So, wie wir unsere Tage leben, leben wir unser Leben.«
Annie Dillard[81]

Als Caras Wecker auf dem Nachttisch klingelte, tastete sie unwillkürlich nach ihrem Telefon. (Von dieser Gewohnheit konnte sie sich nur schwer trennen.) Diesmal jedoch lagen dort ihre neuen Schuhe und ihr Yoga-Outfit. »Richtig«, dachte sie, »heute ist der Tag, an dem ich starten wollte.«

Sie hatte ihr Telefon am Abend absichtlich in einem anderen Zimmer liegen lassen und stattdessen ihre Yoga-Sachen auf dem Nachttisch deponiert, um morgens an ihre Übungen zu denken. Sie wusste genau, dass sie Kellie, sobald sie zur Arbeit kam, unausweichlich Rechenschaft ablegen musste – also griff sie nach Outfit und Schuhen und ging hinüber zum Fernseher, um mit ihrem neuen Programm zu beginnen.

Sie brauchte einen Augenblick, bis sie in Gang kam, aber nach 30 Minuten Bewegung und Dehnübungen fühlte sie sich fit und bereit für den Tag.

Mit einem Lächeln im Gesicht ging sie zum Kühlschrank, griff nach einem Joghurt und anderen gesunden Sachen und setzte sich einen Moment hin, um sich den anstehenden Tag durch den Kopf gehen zu lassen. Es gab ein paar wichtige Dinge, die sie sich für heute auf den Zettel geschrieben hatte, und sie wollte sicher sein, dass ihr dafür genug Zeit blieb. Bei der Durchsicht ihres Kalenders und der zu erledigenden Dinge kam ihr der Gedanke, dass ein paar zusätzliche Daten für die anstehende Projektprüfung nicht schaden würden. Wenn sie heute mit der Beschaffung dieser Daten begann, hätte sie bis zur Besprechung alles beisammen. Rasch stellte sie ihren Tagesablauf um und reservierte eine Stunde für die Datenrecherche. Zufrieden, dass sämtliche wichtigen Dinge des Tages bedacht waren, beendete sie ihre Vorbereitung.

Während sie auf den Zug wartete, schrieb sie Kellie eine Kurznachricht, um ihr mitzuteilen, dass sie tatsächlich ihr Yoga absolviert hatte. »Ich auch! :)«, schrieb Kellie zurück. Interessierte sich Kellie etwa auch für Yoga? Cara war froh über diese Unterstützung bei dem Versuch, sich an die neue Praxis zu gewöhnen.

Cara nutzte die Zugfahrt, um einige ihrer Projektstatusberichte durchzugehen und die E-Mails zu sichten, die ihre Regeln als wichtig markiert hatten. Zehn Minuten vor Ende der Fahrt klappte sie ihren Laptop zu und schaute sich um. Die Sonne war wenige Minuten zuvor über den Baumwipfeln erschienen, und es sah so aus, als würde es ein freundlicher Tag werden. »Vielleicht könnte ich am Wochenende etwas an der frischen Luft unternehmen.« Sie nahm sich vor, ihren Bruder anzurufen, der in der Nähe wohnte, und ihn nach seinen Plänen zu fragen.

Als sie im Büro ankam, wurde ihre friedliche und ruhige Stimmung sofort unter Beschuss genommen von ... Karl! »Im Ernst?«, dachte sie. »Vor dem ist man ja nirgends sicher!« »Okay, Karl, dann sag mal, was du auf dem Herzen hast.« Als sie Karl zuhörte, ging ihr auf, dass fast alles, was er sie fragte, auch im System verfügbar war – wenn er sich nur die Zeit genommen hätte, dort nachzuschauen. »Karl«, sagte sie, »ich will dir gern helfen, aber ehrlich, das sind Dinge, die du selbst finden kannst. Lass uns zu Susanne in der Buchhaltung gehen; sie kann dir zeigen, wie man diese Daten im System findet. Das ist ihr Job, und ich weiß, dass sie dir gern hilft.« Nachdem sie mit Karl zu Susanne gegangen war und ihr erklärt hatte, was er brauchte, kehrte sie an ihren Platz zurück.

Den Tag über gelang es Cara, ihren Zeitplan weitgehend einzuhalten. Nur einmal kam eine wichtige Besprechung dazwischen, für die sie sich jedoch freimachen konnte, indem sie einige andere Programmpunkte verschob. Eine weitere Besprechung stellte sich bei genauerer Überlegung als nicht so wichtig heraus, sodass sie es vorzog, sich zu entschuldigen.

Cara war froh, dass sie sich Zeit reserviert hatte, um Daten zu der bevorstehenden Projektrückschau zu sammeln, denn jetzt wurde ihr bewusst, dass es da einige wichtige Fragen gab, zu denen sie höchstwahrscheinlich würde Stellung beziehen müssen. Sie wusste, dass auch einige andere Personen davon betroffen waren, und so checkte sie deren Verfügbarkeit und arrangierte für den nächsten Tag ein Treffen mit John und Livia. Rasch formulierte sie eine Einladungsmail, beschrieb den Zweck des Treffens und fügte als Anhang die Daten an, die sie schon gesammelt hatte, damit John und Livia sie sich bereits vor dem Treffen ansehen konnten.

Gegen Ende des Tages nahm sie sich einen Augenblick Zeit, um zu bilanzieren, was sie geschafft hatte, sich einige Notizen zu machen, noch ausstehende Aufgaben zu übertragen und den Tag im Kalender abzuschließen.

Als sie das Büro verließ, fühlte sie sich leichter als erwartet. Trotz der Q1s, die ihr über den Weg gelaufen waren, hatte sie das Wichtigste von dem, was sie sich vorgenommen hatte, auch geschafft – und alles Übrige hatte seinen festen Platz im Kalender. Ihr wurde bewusst, dass sie nur wenige Änderungen am Tagesverlauf vorgenommen hatte und dass ein paar der zusätzlich geleisteten Dinge sie mit besonderer Zufriedenheit erfüllten. Als sie daran dachte, hellte sich ihr Gesicht auf, und ihr fiel wieder ein, dass sie ihren Bruder anrufen wollte. »Wir haben uns länger nicht gesehen«, dachte sie. »Wie gern würde ich ein paar schöne Stunden mit ihm verbringen. Was er wohl so treibt?«

Außergewöhnliche Produktivität hängt in erster Linie von unserer Einstellung ab, jeden einzelnen Moment bewusst zu erleben und zu gestalten. Und das ist gar nicht so schwierig. Tägliche kleine Schritte genügen, um dieser Gewohnheit im Leben einen festen Platz zu geben. Wichtig ist, dass wir einen bewussten Blick für unsere Umwelt und die Menschen in unserem Arbeitsumfeld entwickeln und sorgfältig entscheiden, wofür wir unsere Zeit, Aufmerksamkeit und Energie verwenden.

Wenn wir unsere Tage in dieser Weise bewusst leben, werden wir sie als sehr viel lohnender und erfüllender empfinden. Wir wissen, dass das, was wir tun, bedeutsam ist, und dass wir unsere Sache gut machen. Wir können am Ende des Tages zufrieden auf das Geleistete zurückblicken. Und möglicherweise stellen wir dann irgendwann mit Überraschung fest, dass sich die außergewöhnlichen Tage zu einem außergewöhnlichen Leben addieren!

Bonusabschnitt:
Die Q2-Führungskraft

Was Führungskräfte tun können

»Führung ist eine Entscheidung und keine Position.«
STEPHEN R. COVEY

Eine Kultur reagiert besonders sensibel auf das Handeln ihrer Führungspersönlichkeiten. Fast schon per definitionem haben diese einen überproportionalen Einfluss auf die Kultur und auf das, was Menschen innerhalb dieser Kultur tun. Aber Führung ist nicht einfach eine Position; in Wahrheit bekleideten einige der einflussreichsten Führungspersönlichkeiten der Welt keinerlei formelle Machtposition (denken Sie etwa an Mutter Teresa oder Gandhi). Laut dieser Definition ist Führung eine Entscheidung und keine Position.

Wenn wir an Führungspersönlichkeiten denken, denken wir an Menschen, die bereit sind, Einfluss auf andere auszuüben, damit es zu einer Veränderung kommt. Sie können eine Führungsrolle in Ihrem Team oder Ihrer Organisation wahrnehmen; Sie können in Ihrer Familie oder in Ihrem gesellschaftlichen Umfeld Führungsverantwortung übernehmen. Jeder, der gewillt ist, die Dinge zum Besseren hin zu verändern und die erforderlichen Schritte zu veranlassen, kann in die Rolle der Führungskraft schlüpfen.

Die folgenden Vorschläge sind Ideen, wie Sie in Bezug auf jede der 5 Entscheidungen Führungsstärke beweisen können, um in Ihrem beruflichen Umfeld eine Q2-Kultur zu schaffen. Sie zeigen, wie sich die Prinzipien der einzelnen Entscheidungen auf verschiedene Situationen anwenden lassen, um produktivere Ergebnisse zu erzielen. Viele dieser Vorschläge richten sich an jene, die mit formellen Entscheidungsbefugnissen ausgestattet sind. Andere stehen jedem offen, unabhängig von seiner Position. Sie alle setzen die Entschlossenheit voraus, die Verhaltensweisen der 5 Entscheidungen anderen bewusst vorzuleben.

Wenn Sie eine hochrangige Führungskraft sind und in Ihrer Organisation eine Q2-Kultur formell verankern möchten, finden Sie dazu hilfreiche Hinweise im nächsten Kapitel, »Wie Sie in Ihrer Organisation eine Q2-Kultur schaffen«. Dieses Kapitel hingegen richtet sich an alle, die die Absicht haben, Führungsverantwortung zu übernehmen und in ihrem Umfeld etwas zu bewirken. Überlegen Sie, welche der folgenden Ideen für Sie relevant sein könnten, und setzen Sie sie eine nach der anderen konsequent um.

1. Entscheidung: Das Wichtige machen; nicht auf das Dringende reagieren

- **Teilen Sie Ihre Absicht, eine Q2-Kultur zu schaffen, mit Ihrem Umfeld.**
  Beschreiben Sie konkret, was Ihnen vorschwebt und wie ein jeder davon profitieren wird, wenn er am Ende des Tages das Gefühl mit nach Hause nimmt, etwas geleistet zu haben. Indem Sie sich öffentlich zu Ihren Absichten bekennen, sagen Sie: »Das ist mir wichtig. Ich möchte am Erfolg dieser Bemühungen gemessen werden.«

- **Weihen Sie Ihr Umfeld in das Prinzip der Zeit-Matrix™ ein und stellen Sie eine Beziehung zu den Geschäftsergebnissen her.** Nehmen Sie sich die Zeit, Ihre Mitarbeiter in Besprechungen oder anderen Konstellationen mit der Zeit-Matrix™ und den Vorteilen einer Q2-basierten Vorgehensweise vertraut zu machen. Fertigen Sie Poster mit der Zeit-Matrix™ an und hängen Sie sie an Orten aus, wo Ihre Leute sie sehen können. Notieren Sie Ihre Team- oder Unternehmensziele im 2. Quadranten, damit jeder die Prioritäten kennt und weiß, warum Q2 wichtig ist. Indem Sie eine klare Verbindung zu den Geschäftsergebnissen herstellen, helfen Sie Ihren Mitarbeitern zu entscheiden, wofür es sich lohnt, Zeit, Aufmerksamkeit und Energie zu verwenden. So können sie auch erkennen, was auf dem Spiel steht und wo die Gefahr der Ablenkung und der Verschwendung lauert. Ihnen wird bewusst, dass Q1-Aktivitäten, so wichtig sie sind, die kollektive Fähigkeit beeinträchtigen können, konstruktiv an den Q2-Zielen zu arbeiten. Füllen Sie auch die übrigen Quadranten mit konkreten Beispielen möglicher Ablenkungen und Krisen in Ihrem Team oder Ihrer Organisation, damit Ihre Leute darauf achtgeben können.

- **Führen Sie mit allen Beteiligten Q2-Gespräche.** Setzen Sie sich mit jedem Einzelnen zusammen und helfen Sie ihm zu verstehen, was Q2 bedeutet. Mit Ihrem Vorgesetzten könnten Sie klären, welche Ihrer Aufgaben in Q2 liegen. Sind Sie selbst die Führungskraft, können Sie Ihren Mitarbeitern helfen zu erkennen, was in ihrer Rolle wichtig ist. Ohne formelle Autorität können Sie immer noch Gleichgestellten Tipps geben oder zu Beginn eines Projekts oder im Rahmen einer neu zu gründenden Arbeitsbeziehung auf die Zeit-Matrix™ verweisen. Sind Sie jedoch formell zuständig, können Sie die Zeit-Matrix™ zu einem festen Bestandteil Ihrer Coachingtätigkeit und Ihrer Leistungsgespräche machen. Sprechen Sie über die entscheidenden Ziele und Messkriterien Ihrer Organisation und überlegen Sie, wie Ihre Mitarbeiter diesen Dingen im 2. Quadranten besser gerecht werden können. Fragen Sie sie, was sie daran hindert, sich adäquat auf diese Dinge zu konzentrieren. Sprechen Sie offen und unverblümt. Verbringen Ihre Mitarbeiter ausreichend Zeit mit den wichtigen Dingen? Wie erreichen Sie, dass Ihre Mitarbeiter ihre Prioritäten gezielter setzen? Welche Tätigkeiten könnten entfallen? Schieben Sie Q3- und Q4-Tätigkeiten, wo immer möglich, konsequent einen Riegel vor, um auf diese Weise in Ihrem Team oder Ihrer Organisation eine bewusste, gesunde und produktive Q2-Kultur zu schaffen.

- **Verwenden Sie in der normalen Konversation die Sprache der Zeit-Matrix™ und der Wichtigkeit.** Was Sie als Führungskraft sagen, hat Gewicht. Verwenden Sie Begriffe wie Q1, Q2, Q3 und Q4, denkendes Gehirn und reaktives Gehirn, Moment der Entscheidung, Innehalten – Klären – Entscheiden sowie Entscheidungs-, Aufmerksamkeits- und Energiemanagement. Fragen Sie, ob etwas wichtig oder lediglich dringend ist. Fragen Sie andere nicht nur, wie viel sie zu tun haben, sondern auch, welche Resultate sie dabei erzielen. Indem Sie bewusst die Sprache der Wichtigkeit anstelle der Sprache des Beschäftigtseins verwenden, unterstreichen Sie den Wert einer Kultur, in der wichtige Dinge auch wirklich erledigt werden.

- **Lassen Sie ein strategisches Innehalten zu.** Schaffen Sie eine Atmosphäre, in der die Mitarbeiter gefahrlos auf den Pausenknopf drücken und bewusst entscheiden können, wofür sie ihre Zeit, Aufmerksamkeit und Energie verwenden. Lassen Sie unbequeme klärende Fragen zu: Warum tun wir das? Inwiefern hilft uns das, unsere Ziele zu erreichen? Muss das jetzt geschehen? Lenkt es vielleicht von wichtigeren Dingen ab? Muss es überhaupt sein?

Hier geht es nicht darum, alles auf einmal infrage zu stellen und dabei gnadenlos vorzugehen. Die Mitarbeiter sollten ihr Urteilsvermögen nutzen und klug handeln. Und natürlich gibt es gelegentlich Dinge, die sein müssen, weil irgendwelche Leute weiter oben in der Hierarchie es so wollen. Aber indem Sie sich klare Zielvorgaben setzen und die Kultur allmählich verändern, erreichen Sie, dass immer mehr von dem, was die Menschen tun, mit bedeutungsvollen Resultaten im Zusammenhang steht.

- **Legen Sie strategische Pausen ein.** Sie können Ihrer Kultur helfen zu lernen, innezuhalten und bessere Entscheidungen zu treffen, indem Sie es selbst für alle sichtbar vorexerzieren – am besten, indem Sie eine Ihrer eigenen Initiativen auf den Prüfstand stellen! Die Antworten auf diese Fragen mögen manchmal unbequem sein, aber wenn Ihre Leute in der Lage sind, ihre eigene Tätigkeit infrage zu stellen, dann haben sie auch die Chance, sich mit mehr Entschlossenheit auf die Dinge zu konzentrieren, auf die es am Ende wirklich ankommt. Wenn Ihre Leute sehen, dass Sie selbst die Prinzipien der Zeit-Matrix™ konsequent befolgen, sehen sie sich ermächtigt und ermutigt, es Ihnen gleichzutun.

- **Helfen Sie anderen Führungskräften dabei, ihren 2. Quadranten klar zu definieren.** Wenn Ihre Mitarbeiter selbst Führungskräfte sind, beeinflussen Sie – indem Sie ihnen helfen, die 5 Entscheidungen zu leben und sich auf Q2-Aktivitäten zu konzentrieren – zugleich die Arbeit ihrer Teams. Sprechen Sie mit jedem Ihrer Mitarbeiter die Kernelemente des Q2-Rollenleitbilds durch. Worauf ist seine Aufmerksamkeit gerichtet? Was sind seine Q2-Ziele? Gehen Sie seine Aufgaben und Tätigkeiten anhand der Zeit-Matrix™ durch und vergewissern Sie sich, dass er weiß, was davon wirklich wichtig ist. Bestehen Sie darauf, dass er weniger wichtige Tätigkeiten aus seinem Tagesplan streicht oder in geeigneter Weise delegiert, damit er sich selbst jenen Themen zuwendet, zu denen er den wertvollsten Beitrag leisten kann. Das gilt besonders für frischgebackene Führungskräfte, die immer noch das Bedürfnis verspüren, weiter das zu tun, was sie zuvor erfolgreich gemacht haben, anstatt diese Aufgaben nunmehr an andere zu vergeben oder zu delegieren. Helfen Sie ihnen zu erkennen, dass sie sich in ihrer neuen Rolle als Führungskraft auf andere Dinge konzentrieren müssen als zuvor. Aktivitäten, die Q2 waren, bevor sie Führungsverantwortung übernahmen, sind jetzt möglicherweise einem anderen Quadranten zuzuordnen. Mit der Rollenveränderung hat sich auch der Inhalt ihres 2. Quadranten gewandelt; sie müssen jetzt neu definieren, was für sie in ihrer jetzigen Rolle wichtig ist, und ihren Arbeitsplan so gestalten, dass diese Dinge ausreichend Berücksichtigung finden.

- **Drängen Sie Ihre Mitarbeiter nicht in den 1. Quadranten.** Mangelnde Vorbereitung Ihrerseits kann sich verheerend auf Ihre Mitarbeiter auswirken. Wir nennen dies die »Klickdreh«-Theorie. Denken Sie an miteinander verbundene Zahnräder. Wenn sich das führende große Zahnrad dreht und »Klick« macht (eine Entscheidung trifft, eine Information anfordert und so weiter), beginnt sich ein anderes Rädchen irgendwo in der Organisation zu drehen, um dieser Anforderung zu genügen. Das ist okay, solange Sie sich in einer formellen Führungsposition befinden; Ihre Aufgabe besteht darin, Entscheidungen zu treffen, die andere veranlassen, tätig zu werden. Wenn Sie sich jedoch im 1. Quadranten aufhalten, weil Sie es versäumt haben, sich vorzubereiten oder vorauszudenken, dann bringen Sie Ihre Leute damit in eine unnötige Krisensituation. Vielleicht kennen Sie den Ausspruch: »Mangelnde Vorbereitung von deiner Seite schafft noch keine Krise auf meiner Seite.« Das trifft auch auf Führungskräfte zu. Weil Sie in einer Machtposition sind, werden sich Ihre Mitarbeiter möglicherweise mit Feedback zurückhalten, und so kommt es wesentlich darauf an, dass Sie selbstkritisch genug sind und sich die Situation selbst bewusst machen. Allein damit, dass Sie sich persönlich gut vorbereiten und Ihre Machtposition nicht missbrauchen, können Sie viel für Ihre Organisation tun.

- **Drängen Sie Ihre Mitarbeiter nicht in den 3. Quadranten.** Die Schattenseite eines Klickdrehs ist, dass Sie einzelne Mitarbeiter oder ganze Teams im Handumdrehen in den Q3-Quadranten schicken können. Manchmal genügt eine unbedachte Bemerkung, eine laut gedachte Frage zu irgendeinem Detail, dass sich in der Folge andere die nächsten 72 Stunden damit herumschlagen. Wenn es sich um einen wichtigen Punkt handelt, ist er möglicherweise Q1 oder Q2. Wenn er jedoch weniger wichtig ist, dann ist die Beschäftigung damit lediglich Zeitverschwendung. Achten Sie darauf, dass Sie nur die wichtigen Dinge verfolgen. Wenden Sie diesen Filter an, bevor Sie andere um etwas bitten. Ist es tatsächlich wichtig, können Sie Ihr Anliegen offen ansprechen. Das ist Ihr Job als Führungskraft. Wenn nicht, sollten Sie kein Wort darüber verlieren.

- **Vermeiden Sie Unklarheiten.** Denken Sie stets daran: Mitarbeiter neigen dazu, Dinge, die ihnen aufgetragen werden, für dringlich zu halten. Denn das war in der Vergangenheit fast immer die Norm. Selbst wenn ein bestimmtes Projekt aus Ihrer Sicht noch sechs Monate Zeit hat, werden Sie leicht jemanden finden, der sich schon jetzt eiligst ans Werk macht. Formulieren Sie Ihre Erwartungen unmissverständlich, um dieses Muster zu durchbrechen.

- **Schaffen Sie positive Rituale.** Wie Familien rund um Feiertage, Ferien und so weiter bestimmte Traditionen pflegen, so können Organisationen Traditionen oder Rituale etablieren, um die Konzentration auf Q2-Aktivitäten zu stärken. Manche Dinge entwickeln sich von selbst in einer bestimmten Kultur, während sich andere bewusst etablieren lassen. So könnte eine Führungskraft in einer Organisation beispielsweise einen Q3-Friedhof anlegen, in dem jedes Mal, wenn eine wesentliche Ablenkung zu Grabe getragen wird, ein Gedenkstein mit dem Namen des Mitarbeiters an der Wand befestigt wird, der die Neuerung eingeführt hat. In einer anderen Kultur könnte eine Führungskraft Projekte würdigen, die ohne Hast fristgerecht und in guter Qualität vollendet werden (anstatt den Q1-Krisenhelden aufs Podest zu stellen, der in letzter Minute rettet, was zu retten ist). Was Sie tun, bleibt Ihnen überlassen, aber versuchen Sie dabei, nach Möglichkeit Traditionen zu begründen, die den Q2-Fokus verstärken.

- **Belohnen Sie Q2.** Die Belohnung von Heldentaten ist Bestandteil unserer Unternehmens-DNA. Das Meistern einer Krisensituation wird auf der monatlichen Mitarbeitersitzung mit dem goldenen Stern ausgezeichnet. Wenn Sie nicht aufpassen, leisten Sie damit jedoch einer Q1-Kultur Vorschub. Fördern Sie die ergiebigere Q2-Kultur, indem Sie Leistungen im Bereich der Ursachenbeseitigung und der Vermeidung von Q1-Aktivitäten sowie Projekte belohnen, die ohne

Hast in der vorgegebenen Frist und innerhalb des Budgetrahmens über die Bühne gingen – oder würdigen Sie Teams, die gute Ideen mit eindrucksvollem Zukunftspotenzial hervorbringen. So können Sie Ihre Kultur veranlassen, dem denkenden Gehirn einen wichtigeren Platz einzuräumen.

2. Entscheidung: Außergewöhnlich werden; uns nicht mit Mittelmaß zufriedengeben

- **Weihen Sie Ihre Mitarbeiter in Ihre Q2-Rollenleitbilder und in Ihre Q2-Ziele ein.** Wo Sie als Führungskraft Ihre eigene Energie einsetzen, ist überaus wichtig. Machen Sie Ihre Mitarbeiter mit Ihren persönlichen Prioritäten vertraut. Sagen Sie ihnen, was Sie erreichen wollen. Wenn einiges davon allzu persönlich ist, ist das auch okay. Erzählen Sie das, was Sie erzählen können. Indem Sie Ihre Mitarbeiter an Ihren Prioritäten teilhaben lassen, können diese ihr eigenes Tun darauf abstimmen, sodass die Wahrscheinlichkeit, dass sie ihre Ziele erreichen, wächst. Als Führungskraft sollten Sie gar nicht erst versuchen, alles selbst zu machen. Greifen Sie sich zwei oder drei der wichtigsten Dinge heraus, die Sie schaffen wollen, und strukturieren Sie Ihren Tagesablauf darum herum. Streichen Sie alles Übrige von der Liste oder delegieren Sie es. Äußern Sie klar und deutlich, welchen Beitrag Sie von Ihren Mitarbeitern erwarten, und vermitteln Sie ihnen den Zweck Ihres Vorgehens. Ihre Mitarbeiter werden es Ihnen danken und sich ihren eigenen Jobs mit derselben Klarheit und Konzentration widmen. Vielleicht können Ihre Mitarbeiter Ihnen sogar gute Ratschläge geben, wie Sie Ihre Aufgaben besser erledigen können.

- **Bitten Sie Ihre Mitarbeiter, Q2-Rollenleitbilder und Q2-Ziele zu formulieren.** Wenn Sie eine formelle Führungsposition bekleiden und die entsprechende Befugnis haben, sollten Sie Ihre Mitarbeiter dazu befragen, welchen Beitrag sie in ihrer Rolle leisten möchten. Das Gespräch, das sich daraus entspinnt, kann sowohl erhellend als auch motivierend sein. Sie können dieses Prinzip auf ganze Teams oder auch auf Einzelpersonen anwenden. Stellen Sie sich ein Projektteam vor, das zu Beginn des Projekts eine kurze Botschaft formuliert, aus der hervorgeht, was das Projekt für die Organisation leistet und in welchem Verhältnis es zu den Zielen der Organisation steht. Überlegen Sie, ob Sie diese Art des Denkens nicht in Ihrer Organisation zur Norm machen wollen.

- **Machen Sie bei der Formulierung der Ziele der Organisation von der Formel »von X nach Y bis Datum« Gebrauch.** Formulieren Sie Ihre Ziele auf der Grundlage moderner Hirnforschungsergebnisse. Die Genauigkeit dieser Formel hilft Ihnen und Ihren Mitarbeitern, bessere Entscheidungen darüber zu treffen, wofür es sich lohnt, seine Zeit, Aufmerksamkeit und Energie zu verwenden.

3. Entscheidung: Die großen Steine planen; nicht die kleinen sortieren

- **Richten Sie für die ganze Organisation Q2-Zeitblöcke ein.** Als Führungskraft sollten Sie gemeinsam mit Ihren Mitstreitern Monate, Quartale und sogar Jahre in die Zukunft schauen. Das gehört zu Ihrem Job. Indem Sie so weit wie möglich vorausschauen und wichtige Ereignisse oder Muster (wie den Quartalsabschluss oder die Markteinführung neuer Produkte im Herbst) im Vorhinein terminieren, ermöglichen Sie es den Mitgliedern Ihrer Organisation, sich rechtzeitig vorzubereiten und sich stets im 2. Quadranten zu bewegen. Indem Sie Ihre Prozesse um Elemente herum strukturieren, die sich wiederholen, ermöglichen Sie Lerneffekte. Zudem verhindern Sie so selbst verschuldete Krisen, die Ihre gesamte Organisation in den 1. Quadranten abdrängen. Manche Organisationen sehen regelmäßig Zeiten vor, in denen alle gemeinsam ihr Tun überdenken und sich Gedanken zur Zukunft machen.

- **Üben Sie mit Ihrem Führungsteam die Q2-Planung ein.** Zwischen einer typischen Teamkalenderbesprechung und einer Q2-Planungssitzung besteht ein großer Unterschied. Auf einer Kalenderbesprechung sortieren Sie gewissermaßen den kurzfristigen Kies. Eine Q2-Planungssitzung nimmt auf Ihre langfristigen Beiträge und wichtigen Q2-Ziele Bezug. Hier fragen Sie nach den Schlüsselaktivitäten, mit deren Hilfe Sie die wichtigen Ziele Ihrer Organisation erreichen wollen, um zunächst einmal für diese Aktivitäten Zeit zu reservieren. Organisationen haben ein kollektives reaktives Gehirn und ein kollektives denkendes Gehirn. Mithilfe der Q2-Planung kann Ihr Team sein denkendes Gehirn sprechen lassen und seine Planung an der Wichtigkeit statt an der Dringlichkeit der Dinge ausrichten.

- **Veranstalten Sie tägliche Q2-Abstimmungstreffen.** In manchen Situationen sind tägliche Teamzusammenkünfte wichtig. In der sogenannten agilen Softwareentwicklung beispielsweise treffen sich die Teams häufig zu einer täglichen Stehbesprechung, um sich auf die wichtigsten Tagesaufgaben zu verständigen und Hindernisse aus dem Weg zu räumen. Das ähnelt unter Umständen der täglichen persönlichen Q2-Planung, insbesondere, wenn sich die Teammitglieder darauf konzentrieren, die wichtigen Dinge zu erledigen, Ablenkungen zu vermeiden und Probleme auszuräumen, aus denen andernfalls im weiteren Verlauf eine Krise erwachsen könnte. Die Prinzipien der Q2-Planung lassen sich auf eine Vielzahl von Situationen anwenden, sobald Sie sich erst mit der Q2-Gedankenwelt und -Sprache vertraut gemacht haben.

- **Werden Sie gut in dem, was Sie häufig tun.** Indem Sie gemeinsam mit Ihrem Team zentrale, sich wiederholende Tätigkeiten in einen guten Prozess integrieren, erleichtern Sie es jedem Beteiligten, den Blick auf den 2. Quadranten gerichtet zu halten. Wie der Prozess-Guru W. Edwards Deming sagte: »Wenn Sie das, was Sie tun, nicht in Form eines Prozesses beschreiben können, wissen Sie nicht, was Sie tun.«[82]

4. Entscheidung: Die Technologie beherrschen; uns nicht von ihr beherrschen lassen

- **Formulieren Sie ein Q2-Manifest für Ihre Organisation.** Als Führungskraft sollten Sie die Initiative ergreifen und klare Richtlinien aufstellen, wie mit E-Mails, Kurznachrichten und so weiter zu verfahren ist. Zeigen Sie Ihren Mitarbeitern, wie sie Nachrichten, die sie bekommen und verschicken, richtig gewichten. Formulieren Sie allgemeine Richtlinien und Regeln. Sagen Sie ihnen, wann sie auf

Empfangspause gehen können. Wenn die Erwartungen klar sind, sinkt der Stresslevel, und Ihre Mitarbeiter sind frei, ihre Kreativität und ihre Aufmerksamkeit auf die wichtigsten Dinge zu lenken.

- **Richten Sie Ihre Technik ein.** Als Führungskraft haben Sie Einfluss auf die in Ihrer Organisation verwendeten Systeme und Technologien. Entscheiden Sie sich für Technologien, mit denen Ihre Mitarbeiter ihre »4 Kategorien« managen können. Installieren Sie geeignete Spam-Filter. Vergewissern Sie sich, dass Firewalls und Authentifizierungsrichtlinien die Synchronisierung der »4 Kategorien« über alle verwendeten Geräte zulassen. Es geht um die Aufmerksamkeit Ihrer Mitarbeiter, und Sie wollen nicht, dass unerwünschte oder vermeidbare Ablenkungen oder Barrieren sie daran hindern, ihren Job gut zu machen. Stellen Sie ihnen die erforderlichen Werkzeuge und Richtlinien zur Verfügung, damit sie überall und jederzeit Zugang zu den entscheidenden Informationen haben.

- **Machen Sie Ihre Mitarbeiter mit der Q2-Prozesslandkarte vertraut und hängen Sie die Karte an der Wand auf.** Stellen Sie sicher, dass Ihre Mitarbeiter den Fluss der Karte verstehen und sich mit den drei Master Moves auskennen. Sobald Ihre Mitarbeiter diese Karte verstehen, mit der passenden Technik ausgestattet sind und Übung im Umgang mit den Master Moves haben, sind sie gegen die tägliche digitale Sturmflut gewappnet. Besprechen Sie die Karte regelmäßig und fragen Sie Ihre Mitarbeiter nach dem Status ihrer Regeln und ob die gültigen Richtlinien hilfreich sind, um aus den einzelnen Nachrichten die »4 Kategorien« zu extrahieren.

5. Entscheidung: Unser Feuer bewahren; nicht ausbrennen

- **Passen Sie auf sich auf.** Führungsaufgaben gehören zu den härtesten Wissenstätigkeiten, die es gibt. Wer erfolgreich eine Organisation führen will, benötigt dazu jede Form der mentalen und emotionalen Energie. Als Führungskraft verdienen Sie die Vorteile eines Q2-Lebensstils wie kein anderer. Die Prinzipien der 5 Entscheidungen werden Ihnen nicht nur helfen, Ihre Organisation gut zu führen; ihnen ist es möglicherweise zu verdanken, wenn Sie Ihren Job weiterhin gern ausüben und kein Burn-out erleiden. Beginnen Sie, für sich selbst zu sorgen, und leben Sie die 5 Entscheidungen auch persönlich. Nehmen Sie sich Zeit für Sport, ernähren Sie sich gesund, schlafen Sie gut, achten Sie auf regelmäßige Q2-Erneuerung und -Entspannung und pflegen Sie Ihre wichtigsten Beziehungen. So werden Sie auch Ihrer Führungsaufgabe besser gerecht.

- **Bieten Sie gesunde Mahlzeiten und Snacks an.** Damit machen Sie sich im Büro sicherlich Freunde. Jeder liebt Essen, und wenn Sie anfangen, am Arbeitsplatz gesunde Alternativen anzubieten, werden Ihre Mitarbeiter Ihnen nicht nur still danken, sondern laut applaudieren. Wenn Sie dann in den Nachmittagsbesprechungen Ihre Mitarbeiter wach und aufmerksam statt im Zuckerkoma erleben, werden Sie Ihr Geld gut angelegt wissen.

- **Gönnen Sie dem Gehirn Pausen.** Wenn sich eine Besprechung in die Länge zieht, sollten Sie rechtzeitig eine Pause anberaumen. Stehen Sie auf und gehen Sie ein paar Schritte. Sprechen Sie im Stehen weiter. Lassen Sie für einen Augenblick Humor und Späße zu. Damit bringen Sie frischen Wind in die Runde. Wenn Sie sich dann wieder konzentriert an die Arbeit begeben, werden Sie merken, dass Sie effektiver vorankommen.

- **Respektieren Sie Urlaubszeiten.** Wenn Ihre Mitarbeiter Urlaub nehmen, dann sollten Sie sie auch wirklich ziehen lassen. Belästigen Sie sie während dieser Zeit nicht mit E-Mails, Kurznachrichten oder Anrufen. Je besser sich ein Mitarbeiter im Urlaub erholt, mit desto mehr Elan ist er anschließend beruflich bei der Sache.

- **Unterstützen Sie ein Ethos der gesunden Energie anstelle der gnadenlosen Disziplin.** Fördern Sie ein gesundes, energiereiches Klima eher als das Heldentum der Pflichtausübung und der langen Arbeitsstunden, auf die wir häufig so stolz sind. Natürlich gibt es Zeiten, in denen es auf Präsenz und geleistete Stunden ankommt. Aber wenn die Kultur den ausgepowerten und übernächtigten Mitarbeiter zum Vorbild erklärt, ist die nächste Krise nicht weit; und Sie berauben zugleich Ihre Kultur der kreativen Energie, die Sie benötigen, um die nächste innovative Idee zu entwickeln, mit der Sie auch weiterhin im Wettbewerb bestehen können. Feiern Sie Mitarbeiter, die hart arbeiten und Großartiges leisten, ohne aus sich Bürozombies zu machen. Feiern Sie Mitarbeiter, die ihre besten Energien in ihren Beruf investieren – bessere Leute werden Sie nicht finden. Die Art, wie Sie als Führungskraft – und Vorbild – mit Ihrer eigenen Gesundheit umgehen, wirkt sich entscheidend auf die Gesamtkultur in diesem Bereich aus.

Wie Sie in Ihrer Organisation eine Q2-Kultur schaffen

*»Das Wichtigste, was Management im 21. Jahrhundert
zu leisten hat, ist … die Steigerung der Produktivität der
Wissensarbeit und der Wissensarbeiter.«*[83]
PETER DRUCKER

Dieses Kapitel richtet sich an hochrangige Führungskräfte, die befugt und gewillt sind, in ihrer Organisation eine Q2-Kultur einzuführen. Es liefert einen Überblick über den Prozess, mit dem Ihnen das gelingen kann. Die Grundlage bildet jener Kulturveränderungsprozess, der von FranklinCovey allgemein dazu verwendet wird, signifikante Veränderungen in der Kultur einer Organisation zu bewirken.

Ihre Kultur ist das Betriebssystem Ihrer Organisation

Die meisten komplexen elektronischen Geräte, die Sie täglich nutzen, verfügen über ein Betriebssystem. Ihr Smartphone beispielsweise könnte mit Apples iOS, Googles Android, Windows oder einem anderen System laufen. Ein Betriebssystem soll jedoch dafür sorgen, dass alles Übrige gut läuft. Darin besteht sein Zweck.

Eine Kultur ist wie ein Betriebssystem für Ihre Organisation. Wenn Sie ein gutes Betriebssystem haben, laufen darauf alle Dinge, die Sie tun möchten, besser. Ganz gleich, ob es darum geht, Umsatzziele zu erreichen, Aufgaben und Projekte durchzuführen, Kunden zufriedenzustellen oder Produktionsprozesse und -systeme zu optimieren – mit einem guten Betriebssystem geht die Arbeit einfach besser vonstatten.

Ist Ihr Betriebssystem hingegen fehleranfällig oder defekt, funktioniert die Arbeit damit möglicherweise überhaupt nicht.

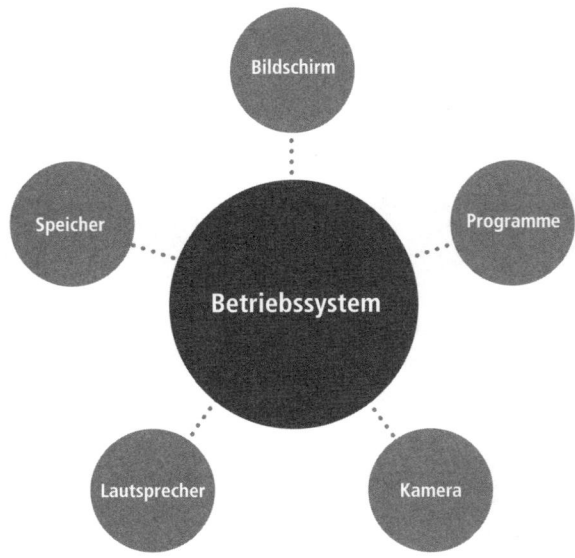

Wenn Sie in Ihrer Organisation eine Q2-Kultur installiert haben, werden Sie feststellen, dass Ihre Mitarbeiter:

- sich selbstständig an den wichtigsten Prioritäten orientieren;
- sich selbstständig für Tätigkeiten entscheiden, die die Umsetzung dieser Prioritäten am weitesten voranbringen;
- sich von sich aus optimal auf diese Tätigkeiten konzentrieren und dabei ihre besten Fähigkeiten zum Einsatz bringen.

In einer Q2-Kultur ereignen sich die wichtigsten Dinge, die Sie zu erreichen versuchen, im Turbotempo.

Denken Sie an die Daten, die wir Ihnen zu Beginn des Buches vorgestellt haben. Es handelte sich um die Ergebnisse einer Befragung von 351 613 Berufstätigen aus aller Welt über einen Zeitraum von sechs Jahren, aus der hervorging, dass die Befragten etwas über 40 Prozent ihrer Zeit und Energie mit Dingen verbrachten, die weder in ihren eigenen Augen noch in den Augen ihrer Arbeitergeber wichtig waren. Wir stellten außerdem fest, dass es sich hierbei um den größten verborgenen Kostenfaktor heutiger Organisationen handelt – legt die Zahl doch den Schluss nahe, dass die Menschen knapp die Hälfte ihrer bezahlten Arbeitszeit mit Dingen verbringen, die keinen Bezug zu ihren strategischen Zielen haben.

Wie wäre es, wenn wir eine Kultur hätten, in der die Menschen sich automatisch und aus freien Stücken an den wichtigen Dingen orientieren würden, die sich tatsächlich in den Bilanzen niederschlagen oder die sie ihren strategischen Zielen oder denen ihrer Arbeitgeber näher bringen? Wie wäre es, wenn die Menschen ihr eigenes Tun und das Tun der anderen regelmäßig auf den Prüfstand stellen und Dinge eliminieren würden, die sich negativ auf ihre Produktivität auswirken? Wie wäre es, wenn jeder täglich mit ausreichend mentaler und physischer Energie zur Arbeit käme, um das zu leisten, was zu leisten ist? Und was wäre vor allem, wenn die Menschen sich regelmäßig entscheiden würden, ihr kreatives Talent und ihre Energie zu 100 Prozent in ihre berufliche Tätigkeit zu investieren?

Unsere Daten zeigen, dass einige wenige Monate genügen, um den Anteil der Zeit, die die Mitarbeiter einer Organisation mit Q2-Tätigkeiten verbringen, um 24 (in manchen Fällen sogar um bis zu 35) Prozent zu steigern.

Aber wie ein Computerbetriebssystem erst aufgespielt werden muss, so muss auch eine Q2-Kultur erst geschaffen werden. Aus dem Ablauf, den wir Ihnen vorstellen, geht hervor, wie Sie die 5 Entscheidungen in Ihrer Organisation installieren können – mit der Aussicht, binnen drei bis sechs Monaten die folgenden mess- und überprüfbaren Verhaltensweisen in Ihrem Arbeitsumfeld vorzufinden:

- **Wöchentliche Q2-Gespräche im Rahmen der Teambesprechungen.** Die Teamleiter greifen in ihren Besprechungen regelmäßig auf die Zeit-Matrix™ zurück. Sie helfen ihren Mitarbeitern auf diese Weise dabei, sich ganz auf die großen Steine im 2. Quadranten zu konzentrieren und alle Q3-Ablenkungen zu vermeiden.

- **Q2-Rollenleitbilder und -ziele.** Die Beteiligten haben in konkreten Leitbildern formuliert, wie ihr beruflicher Beitrag aussehen wird, sie haben konkrete Ziele benannt, wie sie dorthin gelangen wollen, und diese mit ihren unmittelbaren Vorgesetzten abgestimmt. Diese Ziele dienen künftig als Grundlage für die Leistungsgespräche.

- **Wöchentliche und tägliche Q2-Planung.** Die Beteiligten beschäftigen sich regelmäßig mit ihrer wöchentlichen und täglichen Q2-Planung unter besonderer Berücksichtigung ihrer Arbeitsziele.

- **Vereinbarte Regeln zur Nutzung elektronischer Kommunikationswege.** Sie haben allgemeine Regeln und Erwartungen im Zusammenhang mit der Nutzung von E-Mail und anderen Kommunikationsformen formuliert, damit die Mitarbeiter keine Zeit verschwenden und das Mittel der E-Mail effektiver nutzen.

- **Hochenergieverhalten.** Die Mitarbeiter zeigen nach Maßgabe des Q2-Energieindexes mehr Energie und unterstützende Verhaltensweisen.

Sie werden auch andere, stärker personenspezifische Verhaltensweisen beobachten, die aus den 5 Entscheidungen resultieren und die Q2-Kultur unterstützen. Die überprüfbaren Verhaltensweisen jedoch werden Sie überall in Ihrer Organisation vorfinden.

Wie Sie die 5 Entscheidungen in Ihrer Kultur installieren

Der folgende Prozess beschreibt die Hauptelemente unserer Vorgehensweise, wenn wir gebeten werden, die 5 Entscheidungen in einer Organisation als Betriebssystem zu installieren. Sie können, wenn Sie diesen Vorgang eigenständig durchführen wollen, die Elemente nach Ihren Wünschen verändern und an Ihre Situation anpassen.

1. Einweisung des Führungsteams. Zu Beginn werden ein Projektbetreuer aus der Leitungsebene (Executive Sponsor) und ein Projektteam (Championteam) bestimmt, dessen Aufgabe es sein wird, die Führungskräfte und übrigen Mitarbeiter der Organisation zu schulen. Während dieses etwa halbtägigen Meetings macht sich das Führungsteam mit den 5 Entscheidungen unter besonderer Berücksichtigung der Zeit-Matrix™ vertraut, um anschließend einen Blick auf die für die 5 Entscheidungen relevanten Daten aus der Organisation und auf die Zeit zu werfen, die gegenwärtig in Q2-Aktivitäten fließt. Sodann geht es um die Frage, welche Möglichkeiten sich aus den

Daten ergeben, die übrigen Quadranten entweder zurückzudrängen oder ganz zu eliminieren.

2. **Zertifizierung des Championteams.** Trainer und Moderatoren aus Ihrer Organisation werden in die Leitung von Arbeitssitzungen zu den 5 Entscheidungen eingewiesen und für diese Aufgabe zertifiziert. Sie sollen außerdem sicherstellen, dass die Installation der 5 Entscheidungen und die Einrichtung einer entsprechenden Berichtsstruktur erfolgreich verlaufen.

3. **Führungskräftetraining.** Die Führungskräfte machen sich mit den 5 Entscheidungen vertraut und lernen, wie sie ihre Teams Q2-gerecht leiten können. Sie erhalten spezielle, auf ihre Führungsposition abgestimmte Aufgaben, die sie in den folgenden fünf Wochen mit ihren Teams umsetzen. Kernpunkt dieser Aufgaben sind die zuvor beschriebenen fünf prüffähigen Verhaltensweisen.

4. **Mitarbeitertraining.** Die Mitarbeiter machen sich mit den 5 Entscheidungen vertraut und erhalten bestimmte Aufgaben rund um die fünf überprüfbaren Verhaltensweisen, die sie in den folgenden fünf Wochen umsetzen.

5. **Rechenschaft und Bericht.** Fünf Wochen nach den Einführungsveranstaltungen berichten die Teamleiter dem Executive Sponsor von ihren Erfolgen bei der Umsetzung der fünf überprüfbaren Verhaltensweisen und der dadurch bewirkten Verbesserung der Teamleistung.

6. **Überprüfung.** Rund drei Monate nach Projektstart wird erneut gemessen, wie viel Zeit Führungskräfte und Mitarbeiter mit Q2-Aktivitäten verbringen, sowie der Q2-Energieindex bestimmt.

7. **Nachhaltigkeit.** Diese Phase erstreckt sich über weitere zwölf Monate und umfasst kontinuierliches Lernen (inklusive Einweisung neuer Mitarbeiter), Implementierungstools, die durchgängige und sichtbare Erinnerung an das Gelernte, Überprüfungen und die gezielte Hilfe für Teams, die sich mit der Umsetzung schwertun.

Die Installationsprozesslandkarte

Wenn die Elemente des Installationsprozesses visuell dargestellt werden, sieht das so aus:

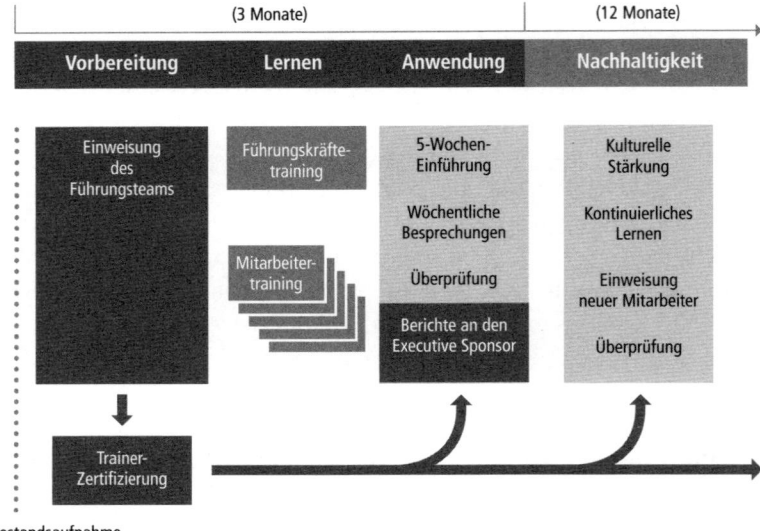

Bestandsaufnahme

Die Grenzen der Betriebssystem-Metapher

Immer wenn wir davon sprechen, die 5 Entscheidungen zu »installieren«, müssen wir uns klarmachen, dass eine Kultur in Wirklichkeit gar nicht installiert werden kann. Sie muss angepflanzt und gehegt werden.

Es existiert zwar ein klar beschriebener Prozess, den die Führungskräfte umsetzen können, aber am Ende kommt es vor allem auf die Verhaltensweisen der Führungskräfte selbst an.

• Wenn Führungskräfte regelmäßig innehalten und ihre Mitarbeiter fragen, ob sie sich im 2. Quadranten aufhalten, werden sich diese auch tatsächlich in den 2. Quadranten begeben.

- Wenn Führungskräfte in aller Öffentlichkeit innehalten, bevor sie einem Mitarbeiter eine Q3-Aufgabe übertragen, und ihr Verhalten auch verbal begründen, werden ihre Mitarbeiter es ihnen gleichtun.

- Wenn Führungskräfte darüber sprechen, welchen Beitrag sie in ihrem Job leisten wollen, und auch ihre entsprechenden Ziele kommunizieren, werden es ihre Mitarbeiter genauso machen.

- Wenn Führungskräfte ihre ganze Energie in ihre berufliche Tätigkeit investieren und diejenigen Mitarbeiter würdigen, die es ebenfalls tun, werden auch die übrigen Mitarbeiter mit ihnen gleichziehen.

Wenn Führungskräfte diese Verhaltensregeln hingegen ignorieren und ihre Mitarbeiter nötigen, sich mit Q1- und Q3-Aktivitäten zu beschäftigen, werden diese es ihnen ebenfalls gleichtun – und am Ende bleibt es bei einer jener kurzlebigen Modeerscheinungen, wie wir sie in vielen Organisationen immer wieder beobachten. Sie sorgen kurz für Aufsehen, aber sobald die Führungskräfte wieder zur Normalität zurückkehren, werden alle anderen es ebenfalls tun.

Erfolgreiche Veränderung entwickelt sich von innen nach außen und lebt von der Entschlossenheit, dem Vorbildverhalten und der Unterstützung überzeugter Q2-Führungskräfte.

Die Entscheidung, eine Q2-Führungskraft zu werden, bringt für alle Seiten nur Vorteile. Die Führungskraft selbst wird produktiver und empfindet ihre Tätigkeit als erfüllender, und dem Unternehmen und den Mitarbeitern gelingt es besser, ihre wichtigsten strategischen Ziele zu erreichen.

Der von innen nach außen orientierte Führungsprozess zur Schaffung einer Q2-Kultur

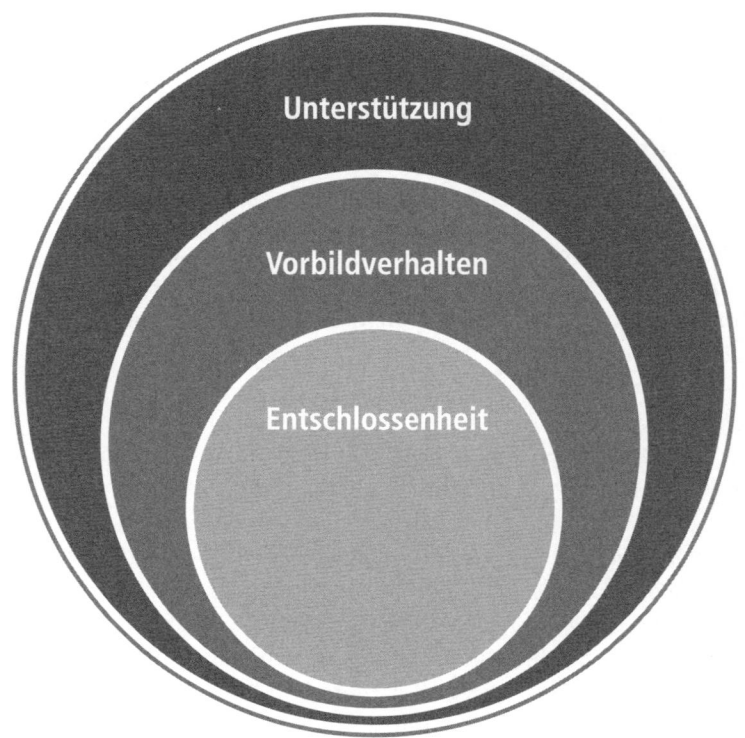

ANHANG

Anhang 1

Anhang A: Die Top 25 des E-Mail-Schreibens

1. **Fassen Sie sich kurz.** Lesen Sie Ihre Mail vor dem Abschicken noch einmal durch und löschen Sie alles, was nicht unmittelbar zum gewünschten Ergebnis beiträgt.

2. **Formulieren Sie eine aussagekräftige Betreffzeile.** Eine gute Betreffzeile ist wie eine gute Überschrift – sie animiert zum Weiterlesen. Wenn Sie den Adressaten bitten möchten, etwas zu tun, sollten Sie das in die Betreffzeile setzen: »Überprüfung der Budgetaufstellung«.

3. **Vermeiden Sie unklare Kurzbetreffs.** Niemand möchte eine E-Mail lesen, die lediglich mit »Diverses« überschrieben ist. Bezeichnen Sie möglichst treffend den Inhalt der Mail. Das hilft Ihnen auch, den eigentlichen Text der Mail kurz und bündig zu halten.

4. **Behandeln Sie nicht mehrere Dinge.** Wenn Sie mehr als ein Anliegen haben, sollten Sie auch mehr als eine E-Mail schicken. Diese Regel vereinfacht die Kommunikation und erspart es uns, lange Mails zu verschicken.

5. **Verzichten Sie auf die Verwendung des Prioritätsfelds (wie »!« oder »!!«).** Was für Sie wichtig ist, ist nicht unbedingt wichtig für andere. Setzen Sie stattdessen auf die Aussagekraft Ihrer Betreffzeile.

6. **Verfassen Sie zunächst den Text Ihrer Mail und setzen Sie erst dann den oder die Adressaten ein.** Beinahe instinktiv füllen wir zuerst das Adressfeld aus. Gewöhnen Sie sich an, diesen Schritt erst ganz am Ende zu tun. Den meisten Menschen ist es schon passiert, dass sie eine Nachricht versehentlich abschickten, bevor sie fertig war. Das kann unter Umständen sehr peinlich sein. Riskieren Sie nicht Ihre Karriere, nur weil Sie in der Hektik des Augenblicks auf Senden statt auf Anhängen oder Speichern geklickt haben.

7. **Erwähnen Sie zuerst die Dinge, die zu tun sind.** Die Menschen neigen dazu, nur den ersten Absatz zu lesen, selbst wenn der Rest weitere wichtige Informationen enthält. Warten Sie mit dem Kern Ihrer Botschaft also nicht bis zum Schluss.

8. **Stellen Sie klar, wen genau Sie um was genau bitten.** Wenn Ihre Nachricht an mehrere Adressaten gerichtet ist (inklusive »cc«) und Bitten enthält, sollten Sie genau auflisten, wen Sie um was bitten. Seien Sie konkret und erwähnen Sie auch eine Frist. Zum Beispiel:

An: Paul
CC: Matthias, Albert, Theo

Paul, könntest du bitte das beigefügte Dokument im Änderungsmodus durchsehen und bis Freitag dieser Woche an die Korrektur weiterleiten?

Theo, Matthias, Albert, das ist nur zu Eurer Info. Ihr braucht nichts zu tun.

---

9. **Wenn die Botschaft in eine Zeile passt, schreiben Sie sie am besten in die Betreffzeile und fügen Sie »(k.T.)« hinzu.** »K.T.« steht für »kein Text« – so wissen die Adressaten, dass sie die Mail nicht zu öffnen brauchen. So sparen alle Beteiligten Zeit. Beispiel: »Die Sitzung beginnt in 15 Minuten (k.T.).«

10. **Notieren Sie unter Ihrer Mail: »Keine Antwort erforderlich«.** Natürlich nur, wenn es zutrifft. Ihre Adressaten werden es Ihnen stillschweigend danken.

11. **Verwenden Sie, wenn nötig, Präfixe.** Wenn Sie Ihrer Mail ein »Q1« voranstellen, wissen Ihre Adressaten, dass es sich um etwas Eiliges handelt und wie sie darauf zu reagieren haben. Aber verschießen Sie Ihr Pulver nicht, wenn es nicht unbedingt notwendig ist. Und wenn es sich tatsächlich um eine eilige und wichtige Angelegenheit handelt, sollten Sie überlegen, ob eine E-Mail in diesem Fall die sinnvollste Kommunikationsform ist. Das bringt uns auf unseren nächsten Punkt …

12. **Vertrauen Sie in Q1-Angelegenheiten nicht auf die E-Mail.** Gewiss, eine E-Mail ist binnen Sekunden verschickt, aber das ist noch keine Garantie, dass sie auch binnen Sekunden gelesen wird. Vergessen Sie nicht, dass es immer noch das Telefon gibt, um direkt miteinander zu sprechen. Vielleicht müssen Sie auch nur aufstehen und einmal über den Flur gehen, um zu klären, was zu klären ist.

13. **Vermeiden Sie zu viele Abkürzungen.** Abkürzungen sind echte Zeitsparer, besonders in der Betreffzeile. Aber weil es Tausende davon gibt, ist nicht garantiert, dass die Adressaten stets wissen, was gemeint ist. Es spricht jedoch nichts dagegen, wenn Sie sich in Ihrem unmittelbaren Arbeitsumfeld auf einige Kürzel verständigen, wie FYI *(for your information)* oder BTW *(by the way)*.

14. **Antworten Sie innerhalb von 24 Stunden.** Das hängt natürlich von der Art der Mail ab. Wenn es sich um ein Q2-Problem handelt, das ein paar Tage warten kann, sollten Sie zumindest eine Nachricht schicken, wann der Absender mit einer Antwort rechnen kann.

15. **Erwarten Sie keine sofortige Reaktion.** Die Empfehlung, sich nur zu bestimmten Zeiten des Tages mit dem E-Mail-Eingangsfach zu beschäftigen, gilt für Sie ebenso wie für Ihre Adressaten. Gestehen Sie diesen also eine angemessene Frist zum Antworten zu.

16. **Verwenden Sie die automatische Abwesenheitsbenachrichtigung.** Wenn Sie im Voraus wissen, dass Sie längere Zeit nicht dazu kommen werden, Ihr Posteingangsfach zu bearbeiten, sollten Sie Ihre Absender darüber informieren. Normalerweise können Sie zwischen Absendern von innerhalb und von außerhalb der Organisation unterscheiden. Manche Programme bieten die Möglichkeit,

die Antwortfunktion auf Absender aus dem Kreis Ihrer Kontakte zu beschränken. Das ist gut, weil sie so verhindern, dass Spam-Maschinen automatische Antworten erhalten, wodurch sich das Spam-Aufkommen möglicherweise weiter erhöhen würde.

17. **Verzichten Sie auf unnötige cc-Einträge.** Die cc-Funktion wird häufig im Übermaß genutzt. Setzen Sie nur diejenigen in cc, die tatsächlich eine Kopie benötigen. Denken Sie daran: cc bedeutet in der Regel, dass die Empfänger außer der Zurkenntnisnahme der Mail nichts zu unternehmen brauchen. Erhoffen Sie sich von einem cc-Empfänger dennoch eine Handlung, sollten Sie das deutlich vermerken.

18. **Seien Sie mit Blindkopien äußerst vorsichtig.** Sie empfehlen sich dann, wenn sich Ihre Empfänger gegenseitig nicht kennen. Auf diese Weise geben Sie nicht unnötig Kontaktinformationen weiter. Auf Smartphones ist jedoch für den Empfänger oft nicht ersichtlich, dass er weder im Adressfeld noch im cc steht, und so besteht die Gefahr, dass er dennoch antwortet – ein Grund mehr, auf Blindkopien zu verzichten.

19. **Verzichten Sie auf die »Allen antworten«-Funktion.** Sie wissen bestimmt, wie unnötig und wertlos die meisten »An alle«-Antworten sind … tun Sie das sich und anderen nicht an!

20. **Geben Sie Anhängen aussagekräftige Namen.** Lassen Sie Ihre Adressaten nicht raten, hinter welchem Anhang sich was verbirgt, indem Sie ihnen Namen geben wie »document1.docx« oder »CB0056.pdf«. Wählen Sie klarere Bezeichnungen. Beispiel: »Protokoll der Umrüstungsbesprechung vom 6. Mai«.

21. **Fassen Sie Diskussionsfäden zusammen.** Wenn Sie einen Diskussionsverlauf an eine andere Person weiterleiten, kann es hilfreich sein, die bisherige Diskussion kurz zusammenzufassen, anstatt es dem Adressaten zu überlassen, sich durch alles durchzuscrollen. Oder heben Sie lediglich die relevanten Teile der Diskussion hervor.

22. **Fügen Sie neue Kontakte stets Ihrem Adressbuch hinzu.** Vermeiden Sie so das Risiko, dass zukünftige Mails im Spam-Ordner landen.

23. **Stellen Sie sicher, dass Ihre Signatur Ihre Kontaktdaten umfasst.** Das ist dann hilfreich, wenn ein Adressat Sie unmittelbar kontaktieren möchte oder Einzelheiten über einen anderen Kommunikationsweg mit Ihnen besprechen will.

24. **Versenden Sie von Ihrer beruflichen E-Mail-Adresse keine privaten Nachrichten.** Die berufliche E-Mail ist Eigentum des Unternehmens, für das Sie arbeiten. Heben Sie sich private Dinge für Ihre Pausen auf. Und warum sollten Sie wertvollen E-Mail-Speicherplatz mit persönlichen Botschaften belegen, die in einem anderen Konto besser aufgehoben sind?

25. **Kommunizieren Sie nur dann über E-Mail, wenn das erforderlich ist.** Viele von uns bekommen mitunter über 100 E-Mails täglich. Wenn ein kurzer Gang über den Flur in das Büro des Kollegen dasselbe bringt, dann tun Sie das. Und wenn eine E-Mail mehr als zehn Minuten Tippzeit erfordert, ist sie vielleicht auch nicht die geeignete Kommunikationsform. Im Allgemeinen bewährt sich eine E-Mail am besten, wenn es darum geht, Informationen weiterzugeben oder zu empfangen. Weniger hilfreich (oder geradezu kontraproduktiv) ist sie, wenn sie genutzt wird, um Konflikte zu lösen, Dampf abzulassen, kontroverse Meinungen zu äußern, zu tratschen, zu tadeln oder sich zu beschweren. Dafür gibt es bessere Kommunikationswege … sofern es nicht besser ist, die Kommunikation darüber ganz zu unterlassen.

Anhang B: Wichtige Modelle

FranklinCoveys Zeit-Matrix™

Wichtig

Q1 Notwendigkeit

Krisen
Dringlichkeitssitzungen
Knappe Fristen
Drängende Probleme
Unvorhergesehene Ereignisse

Q2 Außerordentliche Produktivität

Proaktive Tätigkeiten
Relevante Ziele
Kreatives Denken
Planen
Prävention
Beziehungsaufbau und -pflege
Lernen und Erneuerung

Q3 Ablenkung

Unnötige Unterbrechungen
Überflüssige Berichte
Irrelevante Besprechungen
Kleinere Probleme anderer Leute
Unwichtige E-Mails, Aufgaben,
Telefonate, Statusmeldungen
usw.

Q4 Verschwendung

Triviale Tätigkeiten
Vermeidungsstrategien
Übertreibung bei Entspannung,
Fernsehen, Computerspielen,
Internet
Zeitverschwender
Tratsch

Nicht wichtig

Dringend ←————————→ Nicht dringend

FranklinCoveys Zeit-Matrix™ (blanko)

Die Q2-Prozesslandkarte

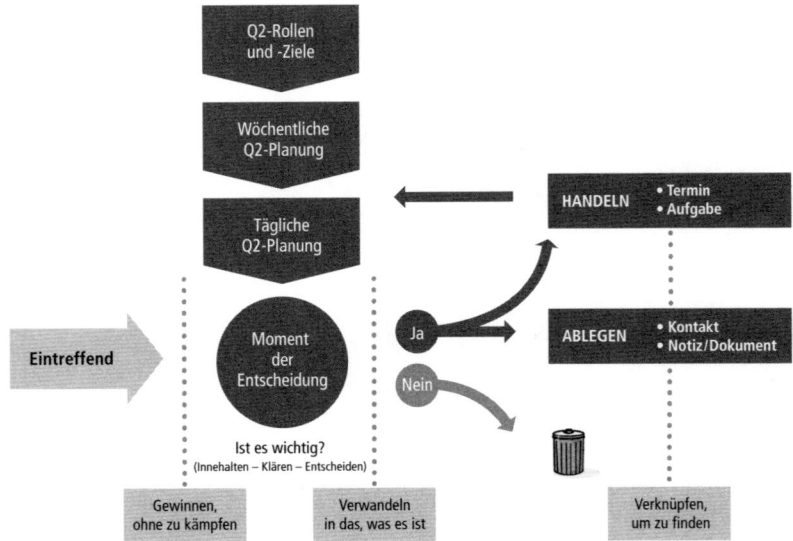

Anhang 2

Anmerkungen

Einführung: Fühlen Sie sich lebendig begraben?

1 Alan W. H. Grant und Leonard A. Schlesinger: »Realize Your Customer's Full Profit Potential«, *Harvard Business Review*, September–Oktober 1995, S. 71.
2 John Medina: »The Brain Rules«, *BrainRules.net*, http://brainrules.net/ brain-rules-video Video #3, Exercise.
3 Die FranklinCovey-Zeitmatrix-Studie umfasste den Zeitraum von 2005 bis 2011.

1. Entscheidung: Das Wichtige machen; nicht auf das Dringende reagieren

4 Douglas Van Praet: *Unconscious Branding. How Neuroscience Can Empower (and Inspire) Marketing*, Palgrave Macmillan, New York, 2012, S. 80.
5 Michael Kuhar: *The Addicted Brain. Why We Abuse Drugs, Alcohol, and Nicotine*, Pearson Education, Inc., Upper Saddle River, NJ, 2012, S. 81.
6 Ebda., S. 79.
7 Louis Teresi: *Hijacking the Brain. How Drug and Alcohol Addiction Hijacks Our Brains. The Science Behind Twelve-Step Recovery*, AuthorHouse, Bloomington (IN), 2011, S. 16.
8 Brené Brown: *Daring Greatly. How the Courage to Be Vulnerable Transforms the Way We Live, Love, Parent, and Lead*, Penguin Group, New York, 2012, S. 137.

2. Entscheidung: Außergewöhnlich werden; uns nicht mit Mittelmaß zufriedengeben

9 Daniel Amen: Mitschnitt eines FranklinCovey-Interviews.

10 Daniel H. Pink: *Drive. The Surprising Truth About What Motivates Us*, Penguin Group, New York, 2009, S. 144–145 (dt.: *Drive. Was Sie wirklich motiviert*, Ecowin, Salzburg, 2010).

11 Adam Grant: *Give and Take. Why Helping Others Drives Our Success*, Penguin Group, New York, 2013, Kap. 6 (dt.: *Geben und Nehmen. Erfolgreich sein zum Vorteil aller*, Droemer, München, 2013).

12 Heidi Grant Halvorson: *Succeed. How We Can Reach Our Goals*, Penguin Group, New York, 2010, S. 206.

13 Keva Glynn, Heather Maclean, Tonia Forte und Marsha Cohen: »The Association Between Role Overload and Women's Mental Health«, *Journal of Women's Health*, Bd. 18 (2009), S. 2.

14 Brigid Schulte: *Overwhelmed. How to Work, Love, and Play When No One Has the Time*, Farrar, Straus and Giroux, New York, 2014, S. 164.

15 Heidi Grant Halvorson: Mitschnitt eines FranklinCovey-Interviews.

16 Daniel H. Pink: *Drive. The Surprising Truth About What Motivates Us*, Penguin Group, New York, 2009, S. 138 (dt.: *Drive. Was Sie wirklich motiviert*, Ecowin, Salzburg, 2010).

3. Entscheidung: Die großen Steine planen; nicht die kleinen sortieren

17 Thomas H. Davenport und John C. Beck: *The Attention Economy*, Harvard Business School Press, 2001, S. 2 f.

18 Heidi Grant Halvorson: Mitschnitt eines FranklinCovey-Interviews.

19 Rick Hanson und Richard Mendius: *Buddha's Brain. The Practical Neuroscience of Happiness, Love, and Wisdom*, New Harbinger Publications, Oakland, 2009, S. 200 (dt.: *Das Gehirn eines Buddha. Die angewandte Neurowissenschaft von Glück, Liebe und Weisheit*, Arbor-Verlag, Freiburg i. Br., 2010).

20 Heidi Grant Halvorson: Mitschnitt eines FranklinCovey-Interviews.

21 Steven R. Covey: *The 7 Habits of Highly Effective People*, Simon & Schuster, New York, 2009, S. 306 (dt.: *Die 7 Wege zur Effektivität. Prinzipien für persönlichen und beruflichen Erfolg*, GABAL, Offenbach, 2014).

4. Entscheidung: Die Technologie beherrschen; uns nicht von ihr beherrschen lassen

22 Sunzi: »Die Kunst des Krieges«, in: Werner Schwanfelder: *Sun Tzu für Manager*, Campus, Frankfurt a.M., 2004, »Sun Tzu – Die Kunst des Krieges – der Text des Originals«, V. 16, S. 229.

23 Herman Kahn: *The Year 2000. A Framework for Speculation on the Next Thirty-Three Years*, The Macmillan Company, New York, 1967, S. 197.

24 Ebda.

25 Alex Magdaleno: »Imogen Heap Takes High-Tech Musical Glove to Kickstarter«, *Mashable.com*, http://mashable.com/2014/04/11/imogen-heap/.

26 Edward M. Hallowell: Mitschnitt eines FranklinCovey-Interviews.

27 Catherine Steiner-Adair und Teresa H. Barker: *The Big Disconnect. Protecting Childhood and Family Relationships in the Digital Age*, HarperCollins, New York, 2013, S. 10 f.

28 Ebda., S. 11.

29 Thomas Cleary: *The Japanese Art of War. Understanding the Culture of Strategy*, Shambhala Publications, Boston, 1991, S. 75.

30 Ebda., S. 77.

31 Julie Morgenstern: *Organizing from the Inside Out*, Henry Holt and Company, New York, 2004, S. 16.

32 Ed Parker: *Infinite Insights into Kenpo. Mental and Physical Applications*, Delsby Publications, Los Angeles, 1987, S. xii.

33 »Email Statistics Report, 2014–2018«, The Radicati Group, April 2014, S. 4.

34 Sunzi: »Die Kunst des Krieges«, in: Werner Schwanfelder: *Sun Tzu für Manager*, Campus, Frankfurt a. M., 2004, »Sun Tzu – Die Kunst des Krieges – der Text des Originals«, III. 2, S. 225.

35 Nick Collins, »Email Raises Stress Levels«, *telegraph.co.uk*, http://www.telegraph.co.uk/news/science/science-news/10096907/Email-raises-stress-levels.html. Lesen Sie dazu auch: »One in Three Workers Suffers from ›Email Stress‹«, *telegraph.co.uk*, http://www.telegraph.co.uk/news/uknews/1560148/One-in-three-workers-suffers-from-email-stress.html.

5. Entscheidung: Unser Feuer bewahren; nicht ausbrennen

36 *Die Metaphysik des Aristoteles*, übersetzt von J. H. v. Kirchmann, Verlag L. Heimann, Berlin, 1871, S. 203 (griech.: »ἡ γὰρ νοῦ ἐνέργεια ζωή«).

37 Nikhil Swaminathan: »Why Does the Brain Need So Much Power?«, *scientificamerican.com*, http://www.scientificamerican.com/article/why-does-the-brain-need-s.

38 Daniel H. Pink: *Drive. The Surprising Truth About What Motivates Us*, Penguin Group, New York, 2009, S. 78 (dt.: *Drive. Was Sie wirklich motiviert*, Ecowin, Salzburg, 2010).

39 Ebda., S. 131.

40 John Ratey, Mitschnitt eines FranklinCovey-Interviews.

41 Ebda.

42 Christopher Bergland: »The Brain Drain of Inactivity«, *psychologytoday.com*, http://www.psychologytoday.com/blog/the-athletes-way/201212/the-brain-drain-inactivity.

43 Ted Eytan: »The Art of the Walking Meeting«, Ted Eytan, *tedeytan.com*, 10. Januar 2008, http://www.tedeytan.com/2008/01/10/148.

44 Joseph Signorile: »Aging and Exercise«, *radiowest.kuer.org*, http://radiowest.kuer.org/post/aging-and-exercise.

45 Richard Restack: Mitschnitt eines FranklinCovey-Interviews.

46 John Ratey: Mitschnitt eines FranklinCovey-Interviews.

47 Daniel Amen: Mitschnitt eines FranklinCovey-Interviews.

48 Ebda.

49 Ebda.

50 Joshua Gowin: »Why Your Brain Needs Water«, *psychologytoday.com*, http://www.psychologytoday.com/blog/you-illuminated/201010/why-your-brain-needs-water.

51 Philippa Norman: »Feeding the Brain for Academic Success. How Nutrition and Hydration Boost Learning«, https://www.camanoisland-mills.com/feeding-the-brain-for-academic-success/.

52 T. Colin Campbell und Thomas M. Campbell: *The China Study. The Most Comprehensive Study of Nutrition Ever Conducted and the Startling Implications for Diet, Weight Loss and Long-Term Health*, BenBella Books, Dallas, 2006, S. 228 (dt.: *China Study. Die wissenschaftliche Begründung für eine vegane Ernährungsweise*, Verlag Systemische Medizin, Bad Kötzting/ München, 2011).

53 Thierry Hale: »Rio-Paris Crash, Pilot Fatigue Was Hidden«, *lepoint.fr*, http://www.lepoint.fr/societe/crash-du-rio-paris-la-fatigue-des-pilotes-a-ete-cachee-15-03-2013-1640312_23.php. Es gibt diverse weitere Berichte, darunter: Robert Mark, »Air France 447 and Sleep Depriva-

tion. A Fatal Link«, *jetwhine.com*, http://www.jetwhine.com/2013/03/
af-447-crash-sleep-deprivation-a-link-appears/.

54 Center for Disease Control: »Insufficient Sleep Is a Public Health
Epidemic«, *cdc.gov*, http://www.cdc.gov/features/dssleep.

55 Liz Joy: Mitschnitt eines FranklinCovey-Interviews.

56 Alice A. Kuo: »Does Sleep Deprivation Impair Cognitive and Motor
Performance as Much as Alcohol Intoxication?«, *ncbi.nlm.gov*, http://
www.ncbi.nlm.nih.gov/pmc/articles/PMC1071308.

57 Liz Joy: Mitschnitt eines FranklinCovey-Interviews.

58 Monica Eng: »Light from electronic screens at night linked to sleep
loss«, *articles.chicagotribune.com*, http://articles.chicagotribune.
com/2012-07-08/news/ct-met-night-light-sleep-20120708_1_blue-
light-bright-light-steven-lockley.

59 Ebda.

60 William C. Dement: *The Promise of Sleep. A Pioneer in Sleep Medicine
Explores the Vital Connection Between Health, Happiness, and a Good Night's
Sleep*, Dell Publishing, New York, 1999, S. 428 (dt.: *Der Schlaf und
unsere Gesundheit. Über Schlafstörungen, Schlaflosigkeit und die Heilkraft
des Schlafs*, Limes, München, 2000).

61 Ebda., S. 425.

62 Ebda., S. 423.

63 Michael Kellmann: *Enhancing Recovery. Preventing Underperformance in
Athletes*, Human Kinetics, Champaign (IL), 2002, S. vii.

64 Ebda., S. 5.

65 Sage Roundtree: *The Athlete's Guide to Recovery*, Velopress,
Boulder (CO), 2011, S. 12. Text in eckigen Klammern hinzugefügt.

66 Ebda., S. 13.

67 Ebda., S. 12.

68 Matt Richtel: »Digital Overload. Your Brain on Gadgets«, *Fresh Air*,
National Public Radio, 24. August 2010.

69 Phyllis Korkk: »To Stay on Schedule, Take a Break«, *nytimes.com*,
http://www.nytimes.com/2012/06/17/jobs/take-breaks-regularly-to-
stay-on-schedule-workstation.html?_r=0.

70 Adrenalin ist sowohl ein Hormon als auch, wie im Kapitel zur
1. Entscheidung erwähnt, ein Neurotransmitter.

71 Herbert Benson und Miriam Z. Klipper: *The Relaxation Response*,
HarperCollins, New York, 2009, S. 142 f (dt.: *Gesund im Stress. Eine
Anleitung zur Entspannungsreaktion*, Ullstein, Berlin / Frankfurt a. M. /
Wien, 1978).

72 Dan Harris: *10 % Happier*, HarperCollins, New York, 2014, S. 170.

73 Natali Moyal, Avishai Henik und Gideon E. Anholt: »Cognitive

Strategies to Regulate Emotions. Current Evidence and Future Directions«, *journal.frontiersin.org*, http://journal.frontiersin.org/Journal/10.3389/fpsyg.2013.01019/full.

74 Daniel Amen: Mitschnitt eines FranklinCovey-Interviews.

75 Wikipedia: »Oxytocin«, *en.wikipedia.org*, https://en.wikipedia.org/wiki/Oxytocin#Fear_and_anxiety_response.

76 Harvard Health Publications: »The health benefits of strong relationships«, *health.harvard.edu*, http://www.health.harvard.edu/newsletters/Harvard_Womens_Health_Watch/2010/December/the-health-benefits-of-strong-relationships.

77 Matthew D. Lieberman: *Social. Why Our Brains Are Wired to Connect*, Crown Publishing Group, New York, 2013, S. 58 f.

78 Rebecca Z. Shafir: *The Zen of Listening. Mindful Communication in the Age of Distraction*, Quest Books, Wheaton (IL), 2012, S. 243 (dt: *Zen in der Kunst des Zuhörens. Verstehen und verstanden werden*, Hugendubel, Kreuzlingen / München, 2001).

79 Louis Cozolino: *The Neuroscience of Human Relationships. Attachment and the Developing Social Brain*, W. W. Norton & Company, New York, 2014, S. 4 (dt.: *Die Neurobiologie menschlicher Beziehungen*, VAK-Verlag, Kirchzarten bei Freiburg, 2007).

80 Ed Hallowell: Mitschnitt eines FranklinCovey-Interviews.

Fazit: Ihr außergewöhnliches Leben

81 Annie Dillard: *The Writing Life*, Harper Perennial, New York, 1998.

Was Führungskräfte tun können

82 W. Edwards Deming, *brainyquote.com*, http://www.brainyquote.com/quotes/quotes/w/wedwardsd133510.html.

Wie Sie in Ihrer Organisation eine Q2-Kultur schaffen

83 Peter F. Drucker: »On knowledge worker productivity«, *gurteen.com*, http://www.gurteen.com/gurteen/gurteen.nsf/id/X00035E2A/.

Danksagungen

Kory Kogon

Ein großes Dankeschön an alle, die dieses Buch möglich gemacht haben, meinem Mitautor Adam Merrill, der mit seiner Teamfähigkeit und Offenheit ein Inbegriff des Leistungserbringers ist, und meiner Mitautorin, Leena Rinne, für ihre Hilfe bei der Entwicklung des Inhalts und ihre exzellente Unterstützung.

Unseren Gutachtern Leigh Stevens, Suzette Blakemore, Jerel McShane, Julie Schmidt, Susan Sabo, Harvey Young, Todd Musig, Elly Rosenthal, Josh Rosenthal, Breck England, Becky Harding und Andrew Wankier. Wir haben versucht, die Überarbeitungsphase in Q2 zu belassen, wissen aber, dass sie am Ende angesichts der engen Zeitpläne und anderer Prioritäten teilweise nach Q1 rutschte. Danke, dass ihr uns dazwischengeschoben habt! Und Annie und Zach … wir hätten es ohne euch schlicht nicht geschafft!

Zu meinem Glück wuchs ich bei Eltern auf, die auf das Thema Leistung jeden Abend am Esstisch zu sprechen kamen und uns fragten, was wir an dem betreffenden Tag Großartiges geleistet oder beigetragen hatten. Das Wort »nichts« stand nicht zur Auswahl. Sie betonten ständig, welches Potenzial sie in uns sahen, und trainierten unsere Muskeln rund um die tägliche Werterzeugung. Ich schulde ihnen viel, ebenso wie meinen Schwestern Barby Siegel und Elly Rosenthal, mit denen sich die Tradition fortsetzt.

Und natürlich meiner Partnerin Pam, die seit über 21 Jahren mein Realitätsanker ist. Sie ermuntert mich unermüdlich, meine Augen in der Balance des Lebens auf die wichtigsten Dinge gerichtet zu halten. Von Zeit zu Zeit zieht sie mich dann unter dem Kies hervor, nachdem mir das Neinsagen wieder einmal schwergefallen ist.

Adam Merrill

Ich danke …

Kory Kogon und Leena Rinne. Es ist ein Privileg und ein Segen, mit zwei so außergewöhnlichen Menschen zusammenarbeiten zu können. Ich schätze und genieße die gemeinsame Arbeit.

Ben Loehnen, Chefredakteur bei Simon & Schuster, und seiner Redaktionsassistentin Brit Hvide, die sich als wunderbar visionäre und kooperative Partner erwiesen; Barbara Hanson, die das Manuskript lektorierte und verbesserte, und unseren altbewährten und brillanten Agenten Jan Miller und Shannon Marven von Dupree / Miller and Associates.

Dem talentierten und kreativen Team von FranklinCovey Innovations. Euer entschlossener Einsatz füreinander und für die nie endende Aufgabe, wahrhaft gute Produkte hervorzubringen, die die Welt positiv verändern, ist für mich steter Ansporn.

Sean Covey, der seine Führungsaufgabe mutig wahrnimmt, integer handelt und sich auch für die Details interessiert. Du bist eine wahre Führungspersönlichkeit, die Größe ausstrahlt.

Scott Miller, der FranklinCoveys Marketingaktivitäten mit großem Talent und Geschick leitet; Annie Oswald, Zach Christensen und Jill White, unserem unerschrockenen Buchteam; Leigh Stevens und Breck England, die aufrichtig und mit großem Einsatz daran arbeiten, alles besser zu machen; Reid Later, FranklinCoveys Chefherausgeber; unseren vielen engagierten Gutachtern und Rechercheparnern, die fleißig das menschliche Potenzial erforschen; Jody Karr und Ashley Giessing, die gemeinsam das Cover erstellten; Santiago Carbonell, der die wundervollen Grafiken und Modelle für dieses Buch anfertigte; und Yvette Richmond, die bei den Anmerkungen behilflich war und alles im Fluss hielt.

Bobby und Charlene Lawrence und ihren Familien, insbesondere meinem Lehrer Dallas Lawrence für den Aufbau einer familienfokussierten Kampfsportorganisation, die den Menschen hilft, ziel- und erfolgsorientiert zu werden und dabei Ruhe und Gleichgewicht zu bewahren.

Meinen Eltern Roger und Rebecca Merrill, die das Fundament für diese Arbeit und für alles andere in meinem Leben legten, und die mir ein lebenslanges Vorbild im Dienen und im Leisten eines positiven Beitrags sind. Ich bin euch für immer dankbar.

Julie, meiner wunderbaren Frau, und unseren Kindern: Amy Harrison und ihrem Mann John Harrison; Kimberly, Rachel und Brandon; und David Harrison, unserem ersten Enkelkind. Diese Menschen zeigen mir täglich, was es heißt, ein außerordentliches Leben zu führen, und warum das so wichtig ist.

Leena Rinne

Ich danke den vielen unglaublichen Führungspersönlichkeiten, die ich erleben durfte und die mich inspiriert und ermuntert haben, nach dem Außerordentlichen zu streben, darunter Adam Merrill, Kory Kogon, Sean Covey, Scott Miller, Marianne Phillips, Todd Davis, Catherine Nelson und Peter Kasic. Ich möchte auch meiner tiefen Dankbarkeit für die unendliche Unterstützung durch meinen Liebsten David Ausdruck verleihen.

Über die Autoren

Kory Kogon

 Kory Kogon ist Global Practice Leader for Productivity bei FranklinCovey. Ihre thematischen Schwerpunkte sind Zeitmanagement, Projektmanagement und Kommunikationsfähigkeiten. Sie ist Mitautorin von *The 5 Choices to Extraordinary Productivity*, *Project Management Essentials for the Unofficial Project Manager* und *Presentation Advantage*.

Kory Kogon blickt auf über 25 Jahre Berufserfahrung in der Arbeit mit Klienten und in Leitungspositionen zurück. Bevor sie zu FranklinCovey kam, arbeitete sie sechs Jahre lang als Executive Vice President of Worldwide Operations für AlphaGraphics, Inc. Sie war verantwortlich für die Teams und Projekte, die Franchisenehmern bei der Gründung ihrer Unternehmen, der Mitarbeiterentwicklung und beim Erreichen der Gewinnzone behilflich waren. Sie leitete global die ISO-9000-Implementierung und managte die Installation des ersten unternehmensweiten globalen Lernsystems.

Kory Kogon ist bekannt für ihre Fähigkeit, die praktische Anwendung und Logik zu liefern, die Mitarbeiter zuverlässig zum Handeln motivieren. Im Jahr 2005 ehrte sie das *Utah Business Magazine* als eine der »Geschäftsfrauen in Utah, die es im Auge zu behalten gilt«. Im Jahr 2012 erwarb sie das Certificate of Neuroleadership Foundations des NeuroLeadership Institute, dessen ständiges Mitglied sie ist.

Adam Merrill

Adam Merrill ist Vice President of Innovation bei FranklinCovey, wo er eine Gruppe fantastischer Mitarbeiter leitet, die preisgekrönte Produkte entwickeln, mit deren Hilfe Personen und Unternehmen ihre Produktivität dramatisch steigern können. Merrill, der sich seit jeher für Innovation, Produktivität und Führung interessiert, hegt eine Vorliebe für den kreativen Prozess und die Arbeit mit talentierten und engagierten Menschen, die diese Art von Tätigkeit naturgemäß anzieht.

Merrill entwickelt seit über 25 Jahren Inhalte im Bereich Zeitmanagement und Produktivität. Im Jahr 1994 war er an den Recherchen zu dem *New-York-Times*-Bestseller *First Things First* von Stephen R. Covey, A. Roger Merrill und Rebecca R. Merrill beteiligt. In den folgenden zwei Jahrzehnten arbeitete und forschte er weiter in diesem Bereich, wobei sein besonderes Augenmerk den Auswirkungen der sich wandelnden Technologie auf die Erfolgsmöglichkeiten der Menschen in der digitalen Welt galt. Daneben interessiert ihn der Einfluss von Hirnforschung, physischer Gesundheit und mentaler Energie auf die Fähigkeit eines Menschen, produktiv zu sein und gute Entscheidungen zu treffen.

Als gefragte Führungskraft mit einer Vielzahl von Verpflichtungen innerhalb und außerhalb des Unternehmens weiß Merrill, wie schwer es mitunter fällt, die richtige Balance zu finden. Damit ihm dies gelingt, bemüht er sich ständig, die Prinzipien dieses Buches zu leben. Er schöpft Kraft, indem er Zeit mit seiner Familie verbringt, sich in der Nachbarschaft engagiert, an die frische Luft geht und Kampfsport treibt. Er ist Träger des 3. Karate-Dans.

Merrill erlangte an der Brigham Young University einen Bachelor of Arts in Philosophie (magna cum laude) und von der Thunderbird School of Global Management wurde ihm ein Master in Business Administration mit Auszeichnung verliehen.

Leena Rinne

Leena Rinne ist Senior Consultant bei FranklinCovey. In dieser Funktion unterstützt sie Klienten bei der Produktivitätssteigerung und der Führungskräfteentwicklung in ihren Organisationen. Sie arbeitet für eine Vielzahl unterschiedlicher Unternehmen, von *Fortune*-100-Unternehmen bis zu kleinen regionalen Einzelbetrieben.

Leena Rinne blickt auf über 15 Jahre Erfahrung in den Bereichen International Business und High-Level Client Relationship Management zurück. Sie ist mittlerweile über neun Jahren bei FranklinCovey, davon über sechs Jahre als International Business Partner für Europa, den Nahen Osten und Afrika, wo sie Corporate Strategy Planning, Operational Support und Financial Reporting für mehr als 25 lizenzierte FranklinCovey-Partnerbüros betrieben hat. Leena Rinne hilft zudem dem Innovationsteam von FranklinCovey bei der Entwicklung und Markteinführung von Produktivitäts- und Führungslösungen.

Bevor Leena Rinne zu FranklinCovey kam, war sie in der Telekommunikationsbranche tätig, wo sie global agierende Unternehmen sowie die Ausbildung und Entwicklung von neuen und bestehenden Mitarbeitern leitete.

Sie hat einen Master in Economics von der University of Utah und lebt in Salt Lake City, Utah.

Über FranklinCovey

Die FranklinCovey-Reihe »Produktivität steigern« befähigt einzelne Mitarbeiter, Teams und Organisationen, die drei Kernkompetenzen der Spitzenleistung zu meistern:

- Investieren Sie wertvolle Zeit, Aufmerksamkeit und Energie systematisch in Ihre höchsten Prioritäten. (*Die 5 Entscheidungen für außergewöhnliche Produktivität* – besuchen Sie www.franklin-covey.de/die-5-entscheidungen-fuer-aussergewoehnliche-produktivitaet.)
- Vollenden Sie Projekte frist- und budgetgerecht und in höchster Qualität. (*Project Management Essentials für den inoffiziellen Projektmanager* – besuchen Sie www.franklincovey.de/project-management-essentials-fuer-den-inoffiziellen-projektmanager.)
- Informieren und überzeugen Sie eine oder 100 Personen, im direkten Gespräch oder virtuell. (*Presentation Advantage* – besuchen Sie presentation.franklincovey.com.)

Die Denkweisen, Fähigkeiten und Werkzeuge der *Productivity Suite* befähigen Wissensarbeiter und Führungskräfte, Spitzenleistungen zu erbringen und jeden Tag mit dem Gefühl zu beenden, etwas geschafft zu haben.

Sie verwirklichen Ihre höchsten Prioritäten und schaffen in Ihrem Team oder Ihrer Organisation eine Q2-Kultur, indem Sie:

- die Verhaltensweisen der 5 Entscheidungen persönlich praktizieren;
- mit Ihrem Vorgesetzten und Ihren Kollegen Q2-Gespräche führen, um gemeinsam zu klären, was wichtig ist;
- an einem Executive-Overview-Webcast teilnehmen, um zu sehen, wie sich eine *5-Entscheidungen*-Arbeitssitzung auf Ihr Team oder Ihre Organisation auswirkt;
- sich mit einem FranklinCovey-Client-Partner in Verbindung setzen, um Produktivitätsprobleme zu diagnostizieren und sich mit der Vielzahl von Hilfestellungen vertraut zu machen, die für Ihre speziellen Bedürfnisse verfügbar sind.

Besuchen Sie für weitere Informationen www.franklincovey.de oder wenden Sie sich telefonisch an:

+49 (0) 89 45 21 48-0 (D)
+43 (0) 1 320 16 22 (A)
+41 (0) 41 711 37 30 (CH)

Franklin Covey Co. (NYSE: FC) ist ein auf die Leistungsverbesserung spezialisiertes globales Unternehmen. Wir helfen Organisationen, Ergebnisse zu erzielen, die Veränderungen im menschlichen Verhalten voraussetzen. Zu den FranklinCovey-Klienten gehören 90 Prozent der *Fortune* 100, über 75 Prozent der *Fortune* 500, Tausende kleinerer und mittlerer Unternehmen sowie zahlreiche staatliche und private Bildungs- und andere Institutionen. FranklinCovey unterhält mehr als 100 Büros, die in mehr als 150 Ländern professionelle Dienstleistungen anbieten. Besuchen Sie für weitere Informationen www.franklin-covey.com.

Über FranklinCovey im deutschsprachigen Raum

Im deutschsprachigen Raum wird FranklinCovey durch die Leadership Institut GmbH mit Büros in Deutschland, Österreich und der Schweiz vertreten. Das Leadership Institut bietet das Beratungs- und Trainingsspektrum von FranklinCovey in deutscher Sprache und angepasst auf unsere kulturellen Anforderungen an.

Darüber hinaus entwickelt und implementiert das Leadership Institut Lösungen rund um das Thema »Effektivität von Führung« für Organisationen, Teams und Individuen und setzt Standards bei der Einführung nachhaltiger Leadership-Systeme.

FranklinCovey-Trainer durchlaufen einen mehrwöchigen Auswahl-, Trainings- und Zertifizierungsprozess – so wird sichergestellt, dass die FranklinCovey-Programme international mit den gleichen hohen Qualitätsstandards, Trainingstechniken und Teilnehmer-Materialien durchgeführt werden. Darüber hinaus bietet FranklinCovey auch ein Firmentrainerprogramm an.

FranklinCovey Deutschland
Leadership Institut GmbH
Bavariafilmplatz 3
82031 Grünwald
Telefon: +49 (0)89 452148-0
Telefax: +49 (0)89 452148-48
Internet: www.franklincovey.de
E-Mail: info@franklincovey.de

FranklinCovey Schweiz
Leadership Institut GmbH
General-Guisan-Strasse 6/8
6303 Zug
Telefon: +41 (0)41 7113730
Telefax: +41 (0)41 7113731
Internet: www.franklincovey.ch
E-Mail: info@franklincovey.ch

FranklinCovey Österreich
Leadership Institut GmbH
Parkring 10
1010 Wien
Telefon: +43 (0)1 3201622
Telefax: +43 (0)1 3201623
Internet: www.franklincovey.at
E-Mail: info@franklincovey.at

Index

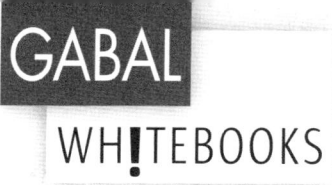